普通高等教育"十二五"规划教材

大学物理实验

主　编　孙丽媛　郁维亮　徐志洁
副主编　杨　迪　李　志　吴丽君

北京理工大学出版社
BEIJING INSTITUTE OF TECHNOLOGY PRESS

内 容 简 介

本书是根据教育部颁发的《非物理类理工科大学物理实验课程基本要求》,并结合近年来教学改革的实际,在总结多年教学实践经验的基础上,由辽宁省的三所高等院校合作编写而成。

全书分为 5 章共 36 个实验题目,第 1 章系统地介绍了误差理论及其数据处理方法等内容。第 2 章至第 4 章介绍了 19 个典型的力学、热学、电磁学和光学实验;第 5 章介绍了 17 个近代物理与综合设计性实验。每个实验的数据记录与数据处理的介绍都比较详细,并留有部分思考题,这样便于学生课前预习和课后书写报告。书末附录介绍了国际单位制,给出了一些常用的物理参数,以便查阅。

本书可以作为高等院校理工科非物理类专业本科生教材,也可作为涉及物理学的实验工作者和其他有关人员的参考书。

版权专有　侵权必究

图书在版编目（CIP）数据

大学物理实验/孙丽媛,郇维亮,徐志洁主编 . —北京：北京理工大学出版社,2014.8（2020.12重印）

ISBN 978 - 7 - 5640 - 9315 - 0

Ⅰ.①大… Ⅱ.①孙… ②郇… ③徐… Ⅲ.①物理学—实验—高等学校—教材 Ⅳ.①O4 - 33

中国版本图书馆 CIP 数据核字（2014）第 118985 号

出版发行 /北京理工大学出版社有限责任公司	
社　　址 /北京市海淀区中关村南大街 5 号	
邮　　编 /100081	
电　　话 /(010) 68914775（总编室）	
(010) 82562903（教材售后服务热线）	
(010) 68948351（其他图书服务热线）	
网　　址 /http：//www.bitpress.com.cn	
经　　销 /全国各地新华书店	
印　　刷 /唐山富达印务有限公司	
开　　本 /787 毫米×1092 毫米　1/16	
印　　张 /12	责任编辑 /张慧峰
字　　数 /278 千字	文案编辑 /张慧峰
版　　次 /2014 年 8 月第 1 版　2020 年 12 月第 10 次印刷	责任校对 /孟祥敬
定　　价 /26.00 元	责任印制 /马振武

图书出现印装质量问题,请拨打售后服务热线,本社负责调换

前　言

大学物理实验是理工科学生必修的一门重要实验课程，是独立于大学物理理论课的一门基础课，是理工科学生在大学阶段接触到的第一个较系统的实践类课程，也是诸多后续实验课的基础。大学物理实验的任务是通过实验培养学生发现、分析和解决物理问题的能力，让学生系统地掌握物理实验的基本知识、基本方法和基本技能。随着我国高等教育事业的发展，人们越来越认识到物理实验技术的重要性和加强对学生进行物理实验训练的必要性，这是物理实验独立设课的时代背景。

本书根据大学物理实验教学要求，对学生进行物理实验方法和技能的基础训练。要求学生弄懂实验原理，了解一些物理量的测量方法。要求学生熟悉常用仪器的基本原理和性能，并了解使用方法。本教材不但要求学生能够正确记录、处理实验数据，分析判断实验结果，并能写出比较规范的实验报告。同时注意培养学生的创新意识，提高学生综合素质。本教材是编者总结多年的教学实践经验，在修改实验讲义的基础上编写而成。为了培养现代理工科人才，一方面适当增加一些近代物理的内容，另一方面增设若干在工程技术中有用的物理实验内容，保证了物理实验的综合性和实用程度。

本书在编写的过程中，首先注意到了独立设置物理实验课程的必要性与教材体系的完整性。主要内容包括测量误差及数据处理的基本知识以及力学、热学、电磁学、光学、近代物理和综合设计性实验。其次，遵循实验能力培养的规律性。本书对基本知识、基本仪器和基本方法等部分力求介绍得详细，并按不同层次由易到难，逐步加强对知识灵活应用能力的综合训练。最后，注重实验教学的各个环节，每个实验都编写了思考题，促使学生认真准备、积极思考，加深理解实验目的、原理等内容。

本书由沈阳航空航天大学、辽宁科技大学、沈阳理工大学三所学校具有多年教学经验的教师联合编写。其中沈阳航空航天大学孙丽媛、杨迪等6名教师编写实验3.1、3.5、3.6、4.4、4.5、5.1、5.2、5.3、5.14、5.16。辽宁科技大学郏维亮、李志等6名教师编写第1章及附录，实验2.1、2.2、2.6、3.2、3.3、3.4、4.3、4.6、5.4、5.12、5.13、5.17。沈阳理工大学徐志洁、吴丽君等10名教师编写实验2.3、2.4、2.5、3.7、4.1、4.2、5.5、5.6、5.7、5.8、5.9、5.10、5.11、5.15。全书由孙丽媛、郏维亮、徐志洁组织、构思及统纂，辽宁工业大学赵星教授给出评审意见。

由于编者的水平有限，加之时间仓促，书中难免有遗漏和错误，敬请读者批评指正。

编　者

目 录

第1章 测量误差及数据处理 ·· 1
  1.1 测量与误差 ··· 1
  1.2 误差的分类 ··· 2
  1.3 系统误差的处理 ·· 4
  1.4 随机误差的处理 ·· 5
  1.5 测量结果的不确定度 ·· 8
  1.6 直接测量量的数据处理 ··· 9
  1.7 间接测量量的数据处理 ·· 11
  1.8 有效数字及其运算规则 ·· 13
  1.9 数据处理的几种常用方法 ··· 15

第2章 力学和热学实验 ·· 22
  2.1 刚体转动惯量的测量 ··· 22
  2.2 用拉伸法测量金属材料的杨氏弹性模量 ··· 26
  2.3 用动态法测量金属材料的杨氏弹性模量 ··· 30
  2.4 气垫导轨实验 ·· 33
  2.5 用落球法测量液体的黏滞系数 ··· 36
  2.6 液体表面张力系数的测定 ··· 38

第3章 电磁学实验 ·· 42
  3.1 电压补偿及电流补偿实验 ··· 42
  3.2 惠斯通电桥测电阻 ·· 45
  3.3 用双臂电桥测金属的电阻率 ·· 47
  3.4 示波器的调节与使用 ··· 50
  3.5 用示波器测动态磁滞回线 ··· 54
  3.6 用恒定电流场模拟静电场 ··· 61
  3.7 用霍尔元件测量磁感应强度 ·· 64

第4章 光学实验 ··· 70
  4.1 分光计的调节和使用 ··· 70
  4.2 光的衍射及光栅常数的测量 ·· 79
  4.3 用牛顿环测量透镜曲率半径 ·· 82
  4.4 偏振光学实验 ·· 87
  4.5 黑白摄影与放大 ·· 92
  4.6 迈克尔逊干涉仪的调节与使用 ··· 96

第5章 近代物理与综合设计性实验 ... 102

5.1 核磁共振实验 ... 102
5.2 塞曼效应 ... 106
5.3 密立根油滴实验 ... 112
5.4 动态法测油滴的电荷量 ... 119
5.5 光电效应及其应用 ... 123
5.6 全息照相实验 ... 129
5.7 傅里叶变换全息图存储 ... 135
5.8 声光效应实验 ... 140
5.9 高温超导材料电阻—温度特性的测量 ... 145
5.10 地磁场的测量 ... 148
5.11 光电探测器的特性及其应用 ... 152
5.12 铁磁材料居里点的测量 ... 159
5.13 汞光谱色散的研究 ... 163
5.14 直流电路设计实验——电表的改装与校准 ... 165
5.15 设计测量RC、RL电路的相移 ... 169
5.16 半导体热敏电阻特性的研究 ... 170
5.17 利用干涉法测量微小长度 ... 173

附录 ... 176

附录1 国际单位制 ... 176
附录2 基本物理常数 ... 177
附录3 用于构成十进倍数和分数单位的词头 ... 178
附录4 物质的密度 ... 179
附录5 在标准大气压下不同温度时水的密度 ... 179
附录6 在海平面上不同纬度处的重力加速度 ... 180
附录7 20℃时某些金属的杨氏弹性模量 ... 180
附录8 20℃时与空气接触的液体的表面张力系数 ... 181
附录9 在不同温度下与空气接触的水的表面张力系数 ... 181
附录10 某些液体的黏滞系数 ... 182
附录11 不同温度时水的黏滞系数 ... 182
附录12 固体比热 ... 183
附录13 液体比热 ... 183
附录14 某些物质的熔点 ... 184
附录15 某些物质在标准大气压下的沸点 ... 184
附录16 某些金属和合金的电阻率及温度系数 ... 184
附录17 铜—康铜热电偶的温差电动势(自由端温度0℃) ... 185
附录18 在常温下某些物质相对于空气的光的折射率 ... 185
附录19 常用光源的谱线波长 ... 186

第1章 测量误差及数据处理

误差分析和数据处理是物理实验课的基础，是一切物理实验中不可缺少的内容。本章将从测量及误差的定义开始，逐步介绍有关误差估算、实验数据处理和实验结果表示等内容。这部分知识覆盖面较广，对于刚开始接触物理实验的低年级大学生来说必须认真阅读，并结合之后的每一次具体实验逐步熟练掌握。

1.1 测量与误差

1.1.1 测量

物理实验一方面能够定性观察各种物理现象，另一方面可以定量得到有关物理量的数值。这些都是通过测量实现的，一切物理实验都离不开测量。测量之前需要规定一些基本物理量的计量单位。物理量的计量单位采用国际单位制(SI)，也是我国法定计量单位。国际单位制是1971年第十四届国际计量大会确定的。它规定了七个物理量的单位为基本单位：长度，米(m)；质量，千克(kg)；时间，秒(s)；电流，安培(A)；热力学温标，开尔文(K)；物质的量，摩尔(mol)；发光强度，坎德拉(cd)。同时还规定了两个辅助单位：平面角，弧度(rad)；立体角，球面度(sr)。其他一切物理量的单位则是由以上基本单位按一定的计算关系式导出的，如体积单位(m^3)、密度单位(kg/m^3)等。把待测的物理量与选作计量标准单位的物理量进行比较就是**测量**。测量的结果作为实验数据记录下来，应该包括测量值的大小和单位，二者缺一不可。

根据实验数据获得方法的不同，测量可以分为直接测量和间接测量。通过计量工具和待测量进行比较，直接得出实验数据的测量为**直接测量**。例如，用米尺测单摆的摆长；用温度计测量温度；用安培表测量电流等。直接测量是测量的基础。还有一些物理量不能直接与计量工具作比较，但可以找出其与某些直接测量量的函数关系，从而获得被测量的大小，这种测量就是**间接测量**。例如，重力加速度不能直接测量，在测得单摆的摆长和周期后，可以根据单摆周期公式计算得出。在物理实验中，间接测量的量要远远多于直接测量的量。

根据实验条件的不同，测量可以分为等精度测量和非等精度测量。**等精度测量**是指在相同的实验条件下进行的多次重复测量。这里相同的实验条件是指在同一实验环境下，同一实验者在同一仪器上使用相同的测量方法。多次测量的结果可能有所不同，但其可靠程度是相同的，这些测量是等精度测量。反之，如果上述实验条件中任意一个发生改变，这样进行的一系列测量就是**非等精度测量**。对于非等精度测量，其各次测量结果的可靠程度自然也不相同。绝大多数物理实验都采用等精度测量，本章也只限于讨论等精度测量的误差估算和数据处理的问题。

1.1.2 误差

任何一个物理量的大小都是客观存在的,都有一个实实在在、不以人的意志为转移的客观量值,称为**真值**。测量的目的就是为了获得待测物理量的真值,但由于受测量方法、测量仪器精度、测量条件以及观测者水平等多种因素的限制,测量结果和真值之间总存在一些差异,这种差异就称为误差,或真误差。即:

$$真误差 = 测量值 - 真值$$

但由于真值很难精确测定,真误差实际上也是得不到的。

测量值与近似真值之差称为**测量误差**。如无特殊说明,本书所涉及的误差均指测量误差。即:

$$测量误差 = 测量值 - 近似真值$$

设某一物理量的测量值为 x,近似真值为 x_0,误差为 Δx,则:

$$\Delta x = x - x_0 \tag{1.1.1}$$

误差 Δx 也称为**绝对误差**,它表示测量值偏离真值(近似真值)的大小,与测量值 x 具有相同的单位。

测量值 x 的绝对误差与真值(近似真值)之比称为此测量值的相对误差,用 E 表示。相对误差没有单位,一般用百分数表示。即:

$$E = \frac{\Delta x}{x_0} \times 100\% \tag{1.1.2}$$

绝对误差反映的是误差本身的大小,但它不能判断不同测量结果之间的优劣。例如两次测量中的绝对误差分别是 2 m 和 20 m,但我们不能判断前者比后者测量得精确。如果它们分别对应下面两次测量:测量 100 m 跑道的绝对误差是 2 m;测量地球与月球间距离 38.4 万 km 的绝对误差是 20 m,显然通过相对误差来判断,后者的测量更可靠,结果更精确。

测量与误差就像一对孪生兄弟,形影不离,没有误差的测量结果是不存在的。尽量减小误差以求获得令人满意的测量结果是实验的最终目的。因此,认清误差的来源、特点并对未能消除的误差做出估计是实验中非常重要的工作,也是理工科学生必须掌握的基本技能。

1.2 误差的分类

根据误差的产生原因和性质,通常可将误差分为系统误差、随机误差和粗大误差。

1.2.1 系统误差

系统误差是指在一定条件下,对同一个物理量的多次测量结果总是向一个方向偏离,即与真值相比,其测量值或者总是偏大,或者总是偏小,或者按一定规律变化。简单说,系统误差具有确定性和规律性的特征。系统误差的产生主要来自以下几个方面:

(1) 仪器误差:由仪器本身的缺陷造成的误差。例如,米尺刻度划分不均匀;天平不等臂;螺旋测微计零点未调好等。

(2) 方法误差:由测量依据的理论公式本身的近似性或实验条件无法满足公式成立的理想条件等所带来的误差。

(3) 环境误差：由各种环境因素，如温度、湿度、气压等影响产生的误差。

(4) 人员误差：由观测者本人生理或心理特点造成的误差。

在实验前应该对测量中可能产生的系统误差作充分的分析和估计，并采取必要的措施尽量消除其影响。

1.2.2 随机误差

随机误差是指在一定测量条件下，多次测量同一量时，误差的变化时大时小、时正时负，以不可预定方式变化着的误差，有时也叫**偶然误差**。当测量次数足够多时，随机误差就显示出明显的规律性。实践和理论都已证明，随机误差服从某种统计规律。

随机误差是由一些偶然的不确定因素造成的。例如，环境温度、电源电压的波动、空气流的扰动、人员走过测量仪器引起的微小震动以及操作者个人感官功能的偶然变化等。这些因素一般无法预知，也难以控制。所以测量过程中随机误差的出现是必然的也是不可避免的。

1.2.3 粗大误差

粗大误差是一种明显超出统计预期值的误差，也叫做过失误差。这类误差具有反常值，其出现通常是由测量仪器的故障、测量条件的失常及测量者的失误而引起的。粗大误差对应的测量值为坏值，是不可靠的，应从测量列中剔除。对于某个数值较大的误差是否属于粗大误差，应根据统计学的要求，按照一定的原则进行评判，而不能将所对应的测量值随意地从测量列中剔除。

1.2.4 测量结果的总体评价

实验得到的测量结果常常要进行定性的评价，一般用到的是精密度、正确度和精确度这三个概念，但他们的含义不同，使用时应加以区别。

(1) **测量的精密度**。它是指在一定条件下进行重复测量时，所得结果的相互符合程度，是描述测量重复性高低的。它反映了随机误差大小的程度，随机误差越小，测量精密度越高。

(2) **测量的正确度**。它是指在一定条件下测量值与真值符合的程度，它反映了测量结果中所有系统误差综合大小的程度。系统误差越小，测量正确度越高。

(3) **测量的精确度**(**准确度**)。它是指测量结果的重复性及接近真值的程度。它反映了测量结果中系统误差与随机误差综合大小程度。综合误差越小，测量精确度越高。

下面以打靶为例来形象说明这三个术语的含义。图 1.2.1(a)中，弹着点相互之间比较靠近，但偏离靶心较远，类比于精密度高而正确度低的情形；图 1.2.1(b)中，弹着点很分散，但没有固定的偏向，其平均位置在靶心附近，类比于正确度高而精密度低的情形；在图 1.2.1(c)中，弹着点在靶心附近而且很集中，类比于精确度高的情形，即精密度和正确度都很高。

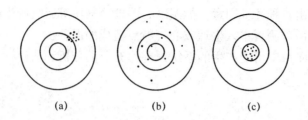

图 1.2.1　用射击打靶来表示对测量结果的总体评价
（a）精密度高而正确度低的情形；（b）正确度高而精密度低的情形；（c）精密度和正确度均高的情形

1.3　系统误差的处理

在许多情况下，系统误差常常不明显地表现出来，然而它却是影响测量结果精确度的主要原因，实验条件一经确定，系统误差的大小和方向也就随之确定了。进行多次重复测量并不能发现系统误差的存在。有些系统误差会给实验结果带来严重影响。因此，及时发现系统误差，设法修正、减弱或消除它对实验结果的影响是十分重要的。

系统误差可以分为两种。一种是**定值系统误差**，一种是**未定系统误差**，针对它们各自特点采取不同的处理方法。

1.3.1　定值系统误差的处理

这种系统误差的特点是，它的大小和方向是确定的，因此可以消除、减弱或修正。如实验方法和理论的不完善引起的系统误差以及实验装置零点发生偏移等，都属于这种类型。针对此类系统误差，可以对测量值进行修正。如：一个千分尺的零点误差为 δ，用其测量一物体的长度，读数为 x'，则该物体的实际测量值应该为 $x = x' - \delta$。再比如用不等臂天平称量一物体的质量，如果没有考虑到不等臂的影响，就会对测量结果造成定值系统误差。对这样的系统误差可以采取交换砝码与待测物体再称量一次的方法，如果两次称量的结果分别是 M_1 和 M_2，则物体的实际质量为 $M = \sqrt{M_1 M_2} \approx \dfrac{M_1 + M_2}{2}$。

1.3.2　未定系统误差的处理

实验中使用的各种仪器、仪表，各种量具，在制造时都有一个反应准确程度的极限误差指标，习惯上称之为**仪器误差**，用 $\Delta_{仪}$ 来表示。它的含义是使用该仪器测量结果的误差不会超过 $\pm \Delta_{仪}$。这个指标一般在仪器说明书中都有介绍。例如，分度值为 0.02 mm 的游标卡尺，计量部门规定的极限误差为 0.02 mm，即 $\Delta_{仪} = 0.02$ mm。再如最小分度值为 0.01 mm 的一级千分尺的极限误差是 0.004 mm，即 $\Delta_{仪} = 0.004$ mm。

从原则上讲，由仪器的准确度引起的系统误差，其大小和方向都应该是确定的，但需要用准确度等级更高的仪器进行校验。但在实验教学或一般使用中不可能，也没有必要这样做。在数据处理时可以把由 $\Delta_{仪}$ 引起的系统误差转变成实验标准差。（参见 1.5 节）

1.4 随机误差的处理

实验中随机误差不可避免，也不可能消除。但是可以根据随机误差的理论来估算其大小，为了简化问题，在下面讨论随机误差的有关问题中，假设系统误差已经减小到可以忽略的程度。

1.4.1 随机误差的正态分布规律

对某一物理量在相同条件下进行 n 次重复测量，得到一组值 A_1，A_2，$\cdots$，A_n，这组值叫做**测量列**。由于随机误差的存在，测量结果一般都存在一定的差异。设该物理量的真值为 A_0，则根据误差的定义，各次测量的误差为：

$$x_i = A_i - A_0 \qquad i = 1, 2, \cdots, n \tag{1.4.1}$$

如果测量的次数足够多，可以把随机误差 x_i 看成是连续变量，x_i 的出现服从正态分布（高斯分布）规律。

根据统计学的知识可以知道误差 x 的正态分布的函数为：

$$f(x) = \frac{1}{\sqrt{2\pi}\sigma} e^{-\frac{x^2}{2\sigma^2}} \tag{1.4.2}$$

式中，σ 是一个待定的参量，称为标准误差。将分布函数画成曲线如图 1.4.1 所示。该曲线横坐标为误差 x，纵坐标 $f(x)$ 为误差概率密度分布函数。它的意义是单位误差范围内出现的误差概率。曲线下阴影线包含的面积元 $f(x)\mathrm{d}x$ 就是误差出现在 $[x, x+\mathrm{d}x]$ 区间内的概率。

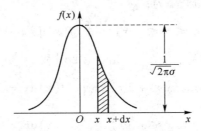

图 1.4.1 随机误差的正态分布曲线

在某一次测量中，随机误差出现在 $[a, b]$ 区间的概率为：

$$p(a \leqslant x \leqslant b) = \int_a^b f(x)\mathrm{d}x \tag{1.4.3}$$

容易知道某一次测量中，随机误差出现在 $(-\infty, +\infty)$ 区间的概率为：

$$p(-\infty < x < +\infty) = \int_{-\infty}^{+\infty} f(x)\mathrm{d}x \equiv 1 \tag{1.4.4}$$

可以证明，$x = \pm\sigma$ 是正态分布曲线上两个拐点的横坐标。当 $x = 0$ 时：

$$f(0) = \frac{1}{\sqrt{2\pi}\sigma} \tag{1.4.5}$$

$f(0)$ 是分布函数的峰值。σ 值越小，概率密度函数的峰值越高，两侧下降就越快，说明测量值的离散性小，测量的精密度高。相反，如果 σ 值大，$f(0)$ 就小，误差分布的范围就大，测量的精密度低，$\sigma = 1$ 和 $\sigma = 2$ 两种情况正态分布曲线如图 1.4.2 所示。

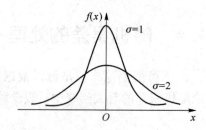

图 1.4.2 不同标准误差的正态分布

服从正态分布的随机误差具有如下特征：
(1) 绝对值小的误差出现的概率比绝对值大的误差出现的概率大(单峰性)；
(2) 绝对值相等的正负误差出现的概率相同(对称性)；
(3) 绝对值很大的误差出现的概率趋于零(有界性)；
(4) 误差的算术平均值随着测量次数的增加而趋于零(抵偿性)。

1.4.2 标准误差

可以证明标准误差 σ 可表示为：

$$\sigma = \sqrt{\frac{\sum_{i=1}^{n}(A_i - A_0)^2}{n}} \quad (n \to \infty) \tag{1.4.6}$$

式中，n 代表测量次数，由概率密度分布函数的定义式(1.4.2)，可以计算出某次测量随机误差出现在 $[-\sigma, +\sigma]$ 区间的概率为：

$$p(-\sigma \leq x \leq +\sigma) = \int_{-\sigma}^{+\sigma} f(x)\,\mathrm{d}x = 0.683 \tag{1.4.7}$$

同样可以计算某次测量随机误差出现在 $[-2\sigma, +2\sigma]$ 和 $[-3\sigma, +3\sigma]$ 区间的概率分别为：

$$p(-2\sigma \leq x \leq +2\sigma) = \int_{-2\sigma}^{+2\sigma} f(x)\,\mathrm{d}x = 0.955 \tag{1.4.8}$$

$$p(-3\sigma \leq x \leq +3\sigma) = \int_{-3\sigma}^{+3\sigma} f(x)\,\mathrm{d}x = 0.997 \tag{1.4.9}$$

以上三种情况下的概率可由图 1.4.3 阴影部分面积表示。

通过以上的分析可以知道，对物理量 A 做任意一次测量时，测量误差落在 $[-\sigma, +\sigma]$ 区间的可能性为 68.3%，落在 $[-2\sigma, +2\sigma]$ 区间的可能性为 95.5%，而落在 $[-3\sigma, +3\sigma]$ 区间的可能性为 99.7%。

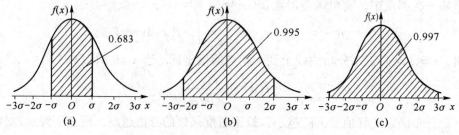

图 1.4.3 三种典型区间的误差概率
(a) 误差在 $[-\sigma, +\sigma]$ 的概率；(b) 误差在 $[-2\sigma, +2\sigma]$ 的概率；(c) 误差在 $[-3\sigma, +3\sigma]$ 的概率

当测量次数 $n \to \infty$ 时,测量误差的绝对值大于 3σ 的概率仅为 0.3%。对于有限次测量这种可能性更小,可以认为是坏值。这就是前面提到的粗大误差,应予以剔除。在分析多次测量的数据时,常常采用这种 3σ 判据。

上述关于测量列总体的描述只具有理论意义,因为实际测量只能进行有限次,所获得的测量列只是从总体中任意抽取的样本,而且真值 A_0 也不知道,对标准误差的实际处理只能是估算,最常采用的是贝塞尔法,它用实验标准差 S_A 近似代替标准误差 σ。

1.4.3 测量列的算术平均值

在相同测量条件下对同一物理量进行多次重复测量,用测量列 A_1,A_2,$\cdots$,A_n 表示对物理量 A 进行 n 次测量值。通过最小二乘法可以证明真值的**最佳估计值**是测量列的算术平均值,即:

$$\overline{A} = \frac{1}{n} \sum_{i=1}^{n} A_i \approx A_0 \tag{1.4.10}$$

这就是将算术平均值作为最佳值的原因。而

$$v_i = A_i - \overline{A} \qquad i = 1, 2, \cdots, n \tag{1.4.11}$$

称为残差,用来计算各次测量的偏差。

1.4.4 有限次测量的标准偏差

可以证明,对于有限次测量,可以用标准偏差 S_A 作为标准误差 σ 的估计值。S_A 的计算公式为:

$$S_A = \sqrt{\frac{\sum_{i=1}^{n}(A_i - \overline{A})^2}{n-1}} \tag{1.4.12}$$

S_A 是任一次测量的标准偏差,有时也简称为标准差,它具有与标准误差 σ 相同的概率含义,式(1.4.12)称为**贝塞尔公式**。

1.4.5 平均值的标准偏差

对物理量 A 的有限次测量的算术平均值实际上也是随机变量,因为该测量列(样本)是随机地从总体中抽取的,各测量列的算术平均值一般不会相同,彼此存在差异,因此也存在标准偏差,用 $S_{\overline{A}}$ 表示。可以证明

$$S_{\overline{A}} = \frac{S_A}{\sqrt{n}} = \sqrt{\frac{\sum_{i=1}^{n}(A_i - \overline{A})^2}{n(n-1)}} \tag{1.4.13}$$

由上式可以看出,平均值的标准偏差比任一次测量的标准偏差小。增加测量次数可以减少平均值的标准偏差,提高测量的精确度。但是单凭增加测量次数来提高测量的精确度的作用是有限的,当 $n \geq 10$ 以后,$S_{\overline{A}}$ 随测量次数 n 的增加而减少得很缓慢。在物理实验教学中一般测量 6~10 次就可以了。

我们把测量量的真值 A_0 落在某一区间内的概率,称为**置信概率**,而把这一区间称为**置信区间**。一般来说,置信区间大,则真值 A_0 落在其间的概率,即置信概率就高,反之亦然。

1.5 测量结果的不确定度

由于随机误差和未定系统误差的存在，使得测量结果不可能绝对准确，而是必然存在不确定的成分。国际计量局 1980 年提出了实验不确定度的说明建议书 INC-1(1980 年)，我们国家技术监督局于 1991 年正式下发文件《JJF 1027—1991 测量误差及数据处理》决定于 1992 年 10 月正式开始采用不确定度评定误差。1999 年 1 月发布并于同年 5 月正式实施中华人民共和国计量技术规范《JJF 1059—1999 测量不确定度评定与表示》。采用不确定度评价实验结果是必然的趋势。

1.5.1 不确定度的概念

不确定度是表征测量结果的可疑程度。也就是因测量误差存在，而对被测量不能肯定的程度，因而是测量质量的表征，用不确定度可以对测量数据做出比较合理的评定。对一个物理实验的具体数据来说，不确定度是指测量值(近真值)附近的一个范围，测量值与真值之差(误差)可能落于其中，不确定度小，测量结果可信赖程度高；不确定度大，测量结果可信赖程度低。

按照国家计量技术规范《JJF 1059—1999 测量不确定度评定与表示》中的定义，测量结果的不确定度是表征合理地赋予被测量之值的分散性，与测量结果相联系的参数。分散性的含义为一个量值区间，测量结果在这个区间出现，而不是一个确定的值。

1.5.2 不确定度的分类

测量不确定度虽然以误差理论为基础，但是它改变了以往将测量误差分为系统误差和随机误差的传统分类方法，在将可定系统误差修正以后，余下的全部误差分为 A、B 两类不确定度分量。

(1) **A 类不确定度**：可以用统计学方法估算的不确定度分量。用符号 u_A 表示。A 类不确定度主要体现在用统计的方法处理随机误差。对于多次测量的数值，用其算术平均值的标准偏差来表征。

$$u_A = S_{\bar{A}} = \sqrt{\frac{\sum_{i=1}^{n}(A_i - \bar{A})^2}{n(n-1)}} \tag{1.5.1}$$

(2) **B 类不确定度**：用非统计学方法估算的不确定度分量。用符号 u_B 表示。B 类不确定度主要体现在对未定系统误差的处理上，在本课程中主要考虑的是测量仪器的误差 $\Delta_{仪}$。它是一种极限误差。在计算不确定度时，考虑到 A 类不确定度采用的是标准偏差，因此我们需要把它进行转换，以达成一致。

$$u_B = \frac{\Delta_{仪}}{C} \tag{1.5.2}$$

式中，C 是一个与仪器误差概率分布规律有关的常数，称为**置信系数**。如果仪器误差服从均匀分布，则 $C=\sqrt{3}$；若服从正态分布，则 $C=3$；在不能确定其分布规律的情况下，本着不确定度取偏大值的原则，取 $C=\sqrt{3}$。

(3) **合成不确定度**：一个测量量一般同时含有 A 类不确定度分量和 B 类不确定度分量。考虑比较简单的情况，两个分量相互独立，则测量结果的合成不确定度可表示为：

$$u_c = \sqrt{u_A^2 + u_B^2} \tag{1.5.3}$$

1.6 直接测量量的数据处理

在做物理实验时，直接测量量的数据处理一般按以下程序：

(1) 修正测量数据中的定值系统误差。

如果测量数据中包含定值系统误差，应该先修正过来后再进行后面的处理。

(2) 计算测量结果的最佳估计值。

设对被测量量 A 进行了 n 次测量得到测量列 A_1，A_2，…，A_n，它的算术平均值

$$\bar{A} = \frac{1}{n}\sum_{i=1}^{n} A_i$$

就是测量结果的最佳估计值。

(3) 求 A 类不确定度 u_A。

$$u_A = S_{\bar{A}} = \sqrt{\frac{\sum_{i=1}^{n}(A_i - \bar{A})^2}{n(n-1)}}$$

(4) 求 B 类不确定度 u_B。

本教材把仪器误差看成服从均匀分布，于是有：

$$u_B = \frac{\Delta_{仪}}{\sqrt{3}}$$

(5) 计算合成不确定度 u_c。

$$u_c = \sqrt{u_A^2 + u_B^2}$$

(6) 计算相对合成不确定度 E。

$$E = \frac{u_c}{\bar{A}} \times 100\%$$

(7) 写出测量结果表达式。

$$A = \bar{A} \pm u_c \quad (P = 0.683) \tag{1.6.1}$$

式(1.6.1)表示测量量 A 真值落在 $[\bar{A} - u_c, \bar{A} + u_c]$ 区间的概率为 0.683。

直接测量量的数据处理要注意以下几点：

① 测量结果要有单位。

② 合成不确定度 u_c 一般只取一位有效数字，第二位按四舍五入处理，当 u_c 的首位数为 1 或 2 时，取 2 位有效数字。

③ 相对合成不确定度 E 应取 2 位有效数字。

④ u_A 和 u_B 取 2 位有效数字。

⑤ 结果表达式中最佳值(算术平均值 $\bar{A}$)按最末一位与 u_c 对齐取舍。

下面举例说明。

例 1：用 50 分度的游标卡尺重复测量某物长度 6 次，测量数据如下(单位为 mm)：

29.18，29.24，29.28，29.26，29.22，29.24

写出测量结果表达式。

解：（1）求出该物体长度的算术平均值。

$$\bar{l} = \frac{1}{6}\sum_{i=1}^{6} l_i = 29.237(\mathrm{mm})$$

（2）求 A 类不确定度。

$$u_\mathrm{A} = \sqrt{\frac{\sum_{i=1}^{6}(l_i - \bar{l})^2}{6\times(6-1)}} = 0.014(\mathrm{mm})$$

（3）计算 B 类不确定度：50 分度卡尺的仪器误差 $\Delta_\text{仪} = 0.02$ mm。

$$u_\mathrm{B} = \frac{1}{\sqrt{3}}\Delta_\text{仪} = \frac{0.02}{\sqrt{3}} = 0.012(\mathrm{mm})$$

（4）合成不确定度。

$$u_c = \sqrt{u_\mathrm{A}^2 + u_\mathrm{B}^2} = 0.018(\mathrm{mm})$$

（5）计算相对合成不确定度。

$$E = \frac{u_c}{\bar{l}} \times 100\% = \frac{0.018}{29.237} \times 100\% = 0.062\%$$

（6）测量的结果表示为

$$l = (29.237 \pm 0.018)\,\mathrm{mm} \qquad (P = 0.683)$$

例 2：用一级千分尺对一小球测量 6 次，测量结果见表 1.6.1 中间一行数据。千分尺的零点读数为 0.008 mm，试处理这组数据并给出测量结果。

表 1.6.1　小球直径测量及修正数据表

次数(i)	1	2	3	4	5	6
D_i'/mm	2.123	2.133	2.121	2.127	2.122	2.128
D_i/mm	2.115	2.125	2.113	2.119	2.114	2.120

解：（1）根据千分尺的零点读数修正测量值：$D_i = (D_i' - 0.008)\,\mathrm{mm}$，填入上表最后一行

（2）求直径的算术平均值。

$$\bar{D} = \frac{1}{6}\sum_{i=1}^{6} D_i = 2.1177\ \mathrm{mm}$$

（3）求 A 类不确定度。

$$u_\mathrm{A} = \sqrt{\frac{\sum_{i=1}^{6}(D_i - \bar{D})^2}{6\times(6-1)}} = 0.0019(\mathrm{mm})$$

（4）计算 B 类不确定度：一级千分尺在测量范围 0~100 mm 内的仪器误差为 $\Delta_\text{仪} = 0.004$ mm。

$$u_\mathrm{B} = \frac{1}{\sqrt{3}}\Delta_\text{仪} = \frac{0.004}{\sqrt{3}} = 0.0023(\mathrm{mm})$$

（5）合成不确定度。

$$u_c = \sqrt{u_A^2 + u_B^2} = \sqrt{0.0019^2 + 0.0023^2} = 0.00298 \approx 0.003 (\text{mm})$$

(6) 计算相对合成不确定度。

$$E = \frac{u_c}{D} \times 100\% = \frac{0.00298}{2.1177} \times 100\% = 0.14\%$$

(7) 测量的结果表示为

$$D = (2.118 \pm 0.003) \text{mm} \quad (P = 0.683)$$

1.7 间接测量量的数据处理

间接测量中，待测量是由若干直接测量的物理量通过函数关系运算而得到的。由于直接测量量存在不确定度，显然，由直接测量量经过运算而得到的间接测量量也必然存在不确定度，这叫做不确定度的传递。

设间接测量量 y 与 n 个直接测量量有关，分别为 x_1, x_2, $\cdots$, x_n，它们之间的函数关系为

$$y = f(x_1, x_2, \cdots, x_n) \tag{1.7.1}$$

(1) 间接测量量的最佳值。

首先对各个直接测量量进行数据处理计算出它们各自的算术平均值 $\overline{x_i}$ 和合成不确定度 U_i，然后将各 $\overline{x_i}$ 代入函数关系式中，得到：

$$\overline{y} = f(\overline{x_1}, \overline{x_2}, \cdots, \overline{x_n}) \tag{1.7.2}$$

作为间接测量量 y 的最佳值。

(2) 间接测量量的合成不确定度。

y 的不确定度来源于所有 x_i 的不确定度，也就是 y 的合成不确定度 $u_c(y)$ 是由各直接测得量 x_1, x_2, $\cdots$, x_n 的合成不确定度 u_{c1}, u_{c2}, $\cdots$, u_{cn} 适当合成而求得。当全部直接测得量 x_i 彼此独立时，y 的绝对合成不确定度由下式给出：

$$u_c(y) = \sqrt{\left(\frac{\partial f}{\partial x_1}\right)^2 u_{c1}^2 + \left(\frac{\partial f}{\partial x_2}\right)^2 u_{c2}^2 + \cdots + \left(\frac{\partial f}{\partial x_n}\right)^2 u_{cn}^2} \tag{1.7.3}$$

式(1.7.3)称为**不确定度传播律**。式中 $\frac{\partial f}{\partial x_i}$ 就是函数 $y = f(x_1, x_2, \cdots, x_n)$ 在 $x_i = \overline{x_i}$ 时的偏导数，这些偏导数称为不确定度**传递系数**，记为 c_i，即 $c_i = \frac{\partial f}{\partial x_i}$，它表示被测量估计值 $\overline{y}$ 随直接测量量 $\overline{x_i}$ 变化而变化的程度.

y 的相对合成不确定度的计算公式为：

$$E(y) = \frac{u_c(y)}{\overline{y}} = \sqrt{\left(\frac{\partial \ln f}{\partial x_1}\right)^2 u_{c1}^2 + \left(\frac{\partial \ln f}{\partial x_2}\right)^2 u_{c2}^2 + \cdots + \left(\frac{\partial \ln f}{\partial x_n}\right)^2 u_{cn}^2} \tag{1.7.4}$$

$u_c(y)$ 和 $E(y)$ 一般可以先求出一个，然后再根据它们之间的关系求出另一个。当函数关系式以和差为主时先求 $u_c(y)$ 比较方便；当函数关系式以积商为主时先求 $E(y)$ 比较方便。由于我们物理实验时用到的物理公式多数为积商关系，所以在实际应用时常常是先按式(1.7.4)求出相对合成不确定度 $E(y)$，然后再用关系式 $u_c(y) = \overline{y} \cdot E(y)$ 计算出绝对合成不确定度 $u_c(y)$。

(3) 间接测量量的结果表达式。

间接测量量 y 的最终结果表示为：

$$y = \bar{y} \pm u_c(y) \quad (P = 0.683) \tag{1.7.5}$$

注意：

① 上式表明被测量值处在 $(\bar{y} - u_c, \bar{y} + u_c)$ 区间之内的概率为 0.683。

② 合成不确定度 $u_c(y)$ 一般只取一位有效数字，当 $u_c(y)$ 的首位数是 1 或 2 时，取两位有效数字。

③ $\bar{y}$ 的末位与 u_c 的末位对齐，若 $\bar{y}$ 末位不够，加零补齐。

④ 相对合成不确定度 $E = \dfrac{u_c}{\bar{y}} \times 100\%$ 取两位有效数字。

⑤ 中间运算的不确定度应取两位，以避免数字修约导致新的不确定度。

（4）间接测量量数据处理的一般程序。

① 按照直接测量量的数据处理方法分别计算出各个直接测量量的最佳值 $\bar{x}_i$ 和合成不确定度 u_{ci}；

② 求间接测量量的最佳估计值 $\bar{y}$；

③ 用不确定度的传播公式求出 y 的合成不确定度 $u_c(y)$ 和相对合成不确定度 $E(y)$；

④ 写出最后结果的表达式。

下面举例说明。

例：已知质量为 $M = (108.52 \pm 0.05)\text{g}(P = 0.683)$ 的铜圆柱体，用分度值为 0.02 mm 的游标卡尺测量其高度 h 8 次；用一级千分尺测量其直径 d 也是 8 次，其值列入表 1.7.1（设仪器零点示数均为零），求铜的密度。

表 1.7.1　铜圆柱体测量数据

次数	1	2	3	4	5	6	7	8
高 h/mm	36.64	36.62	36.64	36.60	36.62	36.60	36.64	36.64
直径 d/mm	20.513	20.512	20.493	20.521	20.491	20.513	20.496	20.520

解：铜的密度计算公式 $\rho = \dfrac{4M}{\pi d^2 h}$，可见 ρ 是间接测量量，由题意，质量 M 是已知量，直径 d、高度 h 是直接测量量。

（1）求高度 h 的最佳值和不确定度。

$$\bar{h} = \frac{1}{8} \sum_{i=1}^{8} h_i = 36.625 \text{ mm}$$

A 类不确定度为：$u_A(h) = \sqrt{\dfrac{\sum_{i=1}^{8}(h_i - \bar{h})^2}{8 \times (8-1)}} = 0.0071 \text{ mm}$

游标卡尺的仪器误差为 $\Delta_\text{仪} = 0.02$ mm，所引入的 B 类不确定度为：

$$u_B(h) = \frac{1}{\sqrt{3}} \Delta_\text{仪} = \frac{0.02}{\sqrt{3}} = 0.012 \text{ (mm)}$$

高度测量的绝对合成不确定度为：

$$u_c(h) = \sqrt{u_A^2(h) + u_B^2(h)} = \sqrt{0.0071^2 + 0.012^2} = 0.014 \text{ (mm)}$$

（2）求直径 d 的最佳值和不确定度。

$$\bar{d} = \frac{1}{8}\sum_{i=1}^{8} d_i = 20.5074 \text{ mm}$$

A 类不确定度为：$u_A(d) = \sqrt{\dfrac{\sum_{i=1}^{8}(d_i - \bar{d})^2}{8\times(8-1)}} = 0.0043 \text{ mm}$

一级千分尺的仪器误差为 $\Delta_{仪} = 0.004$ mm，所引入的 B 类不确定度为：

$$u_B(d) = \frac{1}{\sqrt{3}}\Delta_{仪} = \frac{0.004}{\sqrt{3}} = 0.0023 \text{ (mm)}$$

直径测量的绝对合成不确定度为：

$$u_c(d) = \sqrt{u_A^2(d) + u_B^2(d)} = \sqrt{0.0043^2 + 0.0023^2} = 0.0049 \text{ (mm)}$$

（3）密度的最佳值为：

$$\bar{\rho} = \frac{4\bar{M}}{\pi \bar{d}^2 \bar{h}} = \frac{4.00000 \times 108.52}{3.14159 \times 20.5074^2 \times 36.625}$$
$$= 0.0089706 \text{ (g/mm}^3\text{)} = 8.9706 \times 10^3 \text{ (kg/m}^3\text{)}$$

（4）密度的相对合成不确定度：

$$E(d) = \frac{u_c(d)}{\bar{y}} = \sqrt{\left(\frac{\partial \ln\rho}{\partial M}\right)^2 u_c^2(M) + \left(\frac{\partial \ln\rho}{\partial d}\right)^2 u_c^2(d) + \left(\frac{\partial \ln\rho}{\partial h}\right)^2 u_c^2(h)}$$

$$= \sqrt{\left(\frac{u_c(M)}{\bar{M}}\right)^2 + \left(2\frac{u_c(d)}{\bar{d}}\right)^2 + \left(\frac{u_c(h)}{\bar{h}}\right)^2} = \sqrt{\left(\frac{0.05}{108.52}\right)^2 + 4\times\left(\frac{0.0049}{20.5074}\right)^2 + \left(\frac{0.014}{36.625}\right)^2}$$

$$= 0.077\%$$

（5）密度的绝对合成不确定度：

$$u_c(\rho) = \bar{\rho} \cdot E(\rho) = 8.9706 \times 10^3 \times 0.077\% = 0.007 \times 10^3 \text{ (kg/m}^3\text{)}$$

（6）密度测量的最后结果为：

$$\rho = (8.971 \pm 0.007) \times 10^3 \text{ kg/m}^3 \qquad (P = 0.683)$$

1.8 有效数字及其运算规则

1.8.1 有效数字的概念

为了理解有效数字的概念，我们来看用直尺测量一个物体长度的例子。如图 1.8.1 所示，对于不同的测量者，可能读出的结果有 84.5 mm，84.6 mm，84.4 mm，可以看出，前两位数字都相同，是没有疑问的，称之为**可靠数字或准确数字**；最后一位每个人估计的结果可能略有不同，称之为**可疑数字**或**欠准数字**，该数字后面的数字没有保留的必要。因此把测量结果中的全部可靠数字加上一位可疑数字，统称为测量结果的**有效数字**。

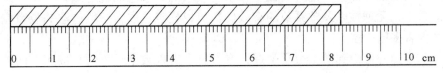

图 1.8.1　直尺测量物体

可疑数字虽然不准，但是它是有意义的。一个物理量的测量值和数学上的一个数字有着本质的区别，例如，84.5 mm 和 84.50 mm 在数学上没有区别；但从物理测量的意义上看，84.5 mm 表示十分位上是可疑的，而 84.50 mm 则表示十分位上是可靠的，而百分位上是可疑的。所以有效数字能够粗略反映测量结果的准确程度。

一个数据的有效数字个数叫做有效位数，即指从该数左方第一个非零数字算起，到最末一个数字（包括零）的个数，它不取决于小数点的位置。因此在单位变换时，有效位数不变。

当遇到测量结果对某一单位数值过大或过小时，必须用科学计数法表达。例如：把 84.6 mm 换算成以 μm 为单位时，应写成 8.46×10^4 μm，如果写成 84 600 μm 则是错误的，因为前者有效位数是 3，而后者有效位数是 5。

对于非十进制的单位换算，则要根据可疑数字位置变化来具体确定。例如，将 52°4′ 换算成以度为单位时，怎样坚持有效数字不变的原则呢？因为可疑位 $1' = \left(\frac{1}{60}\right)° \approx 0.02°$，即以分为单位的个位（可疑数字）对应以度为单位的百分位，所以 52°4′ = 52.07°。

1.8.2 直接测量有效数字的读取

一般而言，测量器具的分度值是按照仪器允许误差来划分的。由于仪器多种多样，所以读数规则也略有不同。通常遵循以下原则。

（1）一般来说，必须读到最小分度值的下一位。但不一定估读十分之一，也可根据分度的间距、刻线、指针的粗细以及分度的数值等实际情况，估读最小分度的 1/5，1/4 或 1/2。但无论怎样估读，一般来讲，最小分度位总是准确的，最小分度的下一位是可疑的。

（2）如果仪器的最小分度值是 0.5，则 0.1，0.2，0.3，0.4，0.6，0.7，0.8，0.9 都是估计的；如仪器的最小分度值是 0.2，则 0.1，0.3，0.5，0.7，0.9 都是估计的，一般这类情况都不必估计到下一位。

（3）游标类量具只读到游标分度值，一般不估读。特殊情况可读到分度值的一半。

（4）数字式仪表及步进读数器（如电阻箱）不需要进行估读，仪器所显示的末位就是可疑数字。

（5）当仪器指示与仪器某刻线对齐，即测量值恰好为整数时，特别要注意在数后补零，补零应补到可疑位。如用米尺测量某物体长度，若它的末位恰好与 256 mm 刻线对齐，这时就必须把测量结果记为 256.0 mm，而不能写成 256 mm。

1.8.3 有效数字的运算规则

当两个有效数字进行运算时，应遵循下面几个原则：
（1）可靠数字与可靠数字之间的运算，其结果仍为可靠数字；
（2）可靠数字与可疑数字或可疑数字之间相运算，其结果为可疑数字；
（3）运算的结果只保留一位可疑数字，末尾多余的数字应四舍五入；
（4）运算中，无理数以及常系数的有效位数可以任意选取，一般选取的位数应比测量数据中位数最少者多取一位。

按照以上规则并考虑到学生容易掌握，本教材在有效数字运算时，按照下面的办法选取有效数字。

（1）加减运算，运算结果的末位数的数位应与参与运算的各分量中末位数的数位最高者相同。

例如：321.7 + 55.234 = 376.9。

（2）乘除运算，运算结果的有效数字位数与参与运算的各分量中有效数字位数最少者相同。当运算结果的首位数是 1 和 2 时，则应再多取 1 位数。例如：

$y = 3\,216.5 \times 100.2/10 = 3.2 \times 10^4$；$y = 3\,216.5 \times 100.2/20 = 1.61 \times 10^4$。

（3）对数运算，运算结果的有效数字小数点后的位数与真数的位数相同。

例如：计算 $y = \ln 754$，经计算器运算得 $\ln 754 = 6.625\,392$，因为真数 754 是 3 位有效数字，所以 y 的小数点后取 3 位，即 $\ln 754 = 6.625$。

（4）指数运算，运算结果按科学计数法表达，其小数点前取 1 位数，小数点后的位数与指数小数点后的位数相同。

例如：计算 $e^{7.89}$，计算器给出 $e^{7.89} = 2\,670.443\,9 = 2.670\,443\,9 \times 10^3$。考虑到指数 7.89 小数点后有两位，则 $e^{7.89} = 2.67 \times 10^3$。

（5）三角函数运算，若末位是度，则取 2 位有效数字，若末位是分，则取 4 位有效数字。

例如：$\sin 42° = 0.67$；$\sin 42°15' = 0.672\,4$。

对于各种函数运算，如指数运算、对数运算、三角函数运算、乘方运算、根式运算等可以采用试探法，即将自变量可疑数位上加一或减一，比较两个运算结果，看差异最先出现在哪一位，计算结果的可疑位便应取在该位上。例如计算 $y = \ln 754$，用计算器运算得 $\ln 754 = 6.625\,392$，$\ln 753 = 6.624\,065$；比较这两个值，发现在小数点后第三位发生了变化，所以计算结果应该取到这一位，即 $\ln 754 = 6.625$。

以上所述的运算规则，只是一个基本原则，在实际问题中，为了防止多次取舍而造成误差的累积效应，常常采取在中间运算时多取一位的办法。在计算器和计算机已经相当普及的今天，中间过程多取几位不会带来太多的麻烦，所以在中间运算过程中，可以适当多取几位（如多取 2~3 位）。最后结果表达时，有效数字的取位再依照有效数字的运算规则来一并截取。

1.9 数据处理的几种常用方法

测量获得的大量实验数据首先必须清楚、准确地表示出来。同时还需要对测量数据进行必要的分析、计算或处理，得到间接测量量的可靠测量结果，也可以验证、寻找经验规律。下面介绍几种大学物理实验中常用的最基本的数据表示与处理方法。

1.9.1 列表法

列表法就是将一组实验数据和计算的中间数据依据一定的形式和顺序列成表格。这是一种最基本和常用数据处理方法。列表法可使数据表达简单、清晰、有条理，便于检查、对比、分析和计算，有助于分析各物理量的变化规律。同时，也为作图奠定了基础。列表法一般应该遵循以下原则：

（1）表的上方应有表头，写明所列表格的名称，表名应尽量简明扼要。

（2）实验室所给数据、查得的某些单项数据及测量使用的仪器名称或量程、等级等参数要列在表格的上面。

(3) 表格要简单明了、有条理。各行、列栏目标题应该标明物理量的名称和单位。名称可用符号表示，单位和数量级也要写在标题栏中。

(4) 列入表中的主要是原始数据，有时，处理过程中的一些重要的中间运算结果也可列入表中，各数据应能正确反映有效数字的位数。

(5) 若是函数测量关系表，则应按自变量由小到大或由大到小的顺序排列。

例：用游标卡尺测量金属圆柱直径 d 和高度 h。实验数据用列表法表示如表 1.9.1。

表 1.9.1 金属圆柱的几何尺寸（游标卡尺的量程 125 mm，分度值 0.02 mm）

次数	1	2	3	4	5	6	平均值
高 h/mm	36.64	36.62	36.64	36.60	36.62	36.60	36.620
直径 d/mm	20.513	20.512	20.493	20.521	20.491	20.513	20.507 2

1.9.2 作图法

利用图线表示被测物理量变化规律的方法称为作图法。它的优点是：形象而直观地反映了数据之间的关系；通过描绘光滑曲线取平均，有利于减少随机误差；可以帮助发现坏值；不必知道函数的具体形式，可直接由图线求斜率、截距以及采用内插、外推、求极值、求渐近线等方法，求出某些物理量的数值；作图法是研究物理量之间变化规律、求经验公式的最常用方法之一。

1. 作图法的基本步骤

(1) 根据研究的问题选择合适种类的坐标纸。坐标纸有直角坐标纸、三角坐标纸、对数坐标纸等，以下仅就最常用的直角坐标纸加以说明。测量数据的有效数字越多坐标纸的尺寸应该越大，如有可能，应使坐标纸的最小格对应测量值中可靠数字的最后一位。

① 在坐标纸上画出坐标轴，标出各轴所代表的物理量，即标明轴的名称（符号）。一般以横轴代表自变量，纵轴代表因变量。

② 标出单位，单位要用斜线写在符号的后面。

③ 选取各坐标轴每一小格代表的数值——分度值，以 2、5、10 等的整数倍标定分度值（均匀标定），分度值起点不一定为零。

④ 分度值的标注应力求整齐划一，如数据过大或过小，分度值应以 $\times 10^n$ 或 $\times 10^{-n}$（n 为整数）表示。

(2) 检查一下这样标定的坐标轴标度范围是否比例恰当。一般来说应该使实验图线充分占据全部图面。如果图线是一条直线，则应使它的倾角接近 $45°$ 或 $135°$，否则应该适当调整分度值。

(3) 根据实验数据在坐标纸上逐一描点，数据点的符号可用"·"、"×"、"⊙"、"+"等来表示。如果在一张坐标纸上准备画几条曲线，每套数据应采用不同式样的点。

(4) 根据点的分布趋势画出光滑图线。由于各实验点代表测量得到的数据，具有一定误差，而实验图线具有平均值的含义，所以图线并不一定通过所有的数据点，而应该使不在图线上的点大致均匀地分布在图线的两侧。

(5) 在横轴的下方或坐标纸的空白位置写上图注：图名、作者、日期等。

(6) 要用直尺、图线尺或图线板等画图，所画图线必须光滑、整洁。

2. 图解法

根据已经作好的实验图线，运用解析几何的知识，求解图线上的各种参数，得到曲线方程和经验公式的方法，称为图解法。当图线类型为直线时，用图解法求解参数比较方便。对于一些非线性方程，可以通过一定的数学变换将其化成直线方程，再由图解法确定出所需要的参数。所以研究线性关系的图解过程很有意义。

(1) 设线性方程的一般形式为

$$y = a + bx \tag{1.9.1}$$

在直线上选取两个坐标点 $A(x_1, y_1)$、$B(x_1, y_2)$ 作为计算用点，进行回归计算。计算用点的横坐标可取成整数，A、B 两点的距离应在实验值范围内尽可能大些，两点的符号应与测量点的符号有所不同，一般不能取原始数据。

(2) 计算直线的斜率和截距：将两计算用点 A、B 的坐标值代入直线方程(1.9.1)，可解得直线斜率 b 和截距 a 为：

$$b = \frac{y_2 - y_1}{x_2 - x_1} \tag{1.9.2}$$

$$a = \frac{x_2 y_1 - x_1 y_2}{x_2 - x_1} \tag{1.9.3}$$

如果横坐标原点是零，则直线截距 a 是 $x=0$ 时的 y 值，可以从图上直接读出来，注意 b 和 a 都是有单位的物理量。

(3) 求曲线方程中的系数——曲线改直法。

在实际工作中，多数物理量之间的关系不一定是线性关系，但在许多情况下，为了寻求实验规律和或实验公式，通过适当的数学变换，使其变为线性关系，即把曲线改为直线。

例：求 $y = ax^b$ 中的系数 a 和 b

将等式两边取对数得：

$$\ln y = b\ln x + \ln a \tag{1.9.4}$$

令 $X = \ln x$，$Y = \ln y$，$A = \ln a$ 则式(1.9.4)化为：

$$Y = A + bX \tag{1.9.5}$$

由测得的各组 (x_i, y_i) 值，可求出相应的 (X_i, Y_i)，由图解法求出 A 和 b，进一步再求出 a。

1.9.3 逐差法

对于遵循线性关系的函数，如果自变量的变化是等间隔的，而且其误差相对于因变量的误差是可以忽略的，这时就可以采用逐差法进行数据处理。

所谓逐差法就是把测量的数据平均分成前后两组(如为奇数个数据，可舍去前一个或末一个数据)，然后将前后两组的对应项逐差的数据处理方法。

设两个变量之间满足线性关系 $y = a + bx$，且自变量 x 是等间距变化的，将实验中测量的 x 和 y 数据按顺序平均分成两组：

第一组：$x_1, x_2, \cdots, x_n$ 和 $y_1, y_2, \cdots, y_n$；

第二组：$x_{n+1}, x_{n+2}, \cdots, x_{2n}$ 和 $y_{n+1}, y_{n+2}, \cdots, y_{2n}$。

求出对应项的差值(即将后组各数据与前组各对应数据相减)：

$$\Delta x_1 = x_{n+1} - x_1 \text{ 和 } \Delta y_1 = y_{n+1} - y_1$$
$$\Delta x_2 = x_{n+2} - x_2 \text{ 和 } \Delta y_2 = y_{n+2} - y_2$$
$$\cdots$$
$$\Delta x_n = x_{2n} - x_n \text{ 和 } \Delta y_n = y_{2n} - y_n$$

再求上面差值的平均值：

$$\overline{\Delta x} = \frac{1}{n}\sum_{i=1}^{n}\Delta x_i; \overline{\Delta y} = \frac{1}{n}\sum_{i=1}^{n}\Delta y_i$$

于是有：

$$b = \frac{\overline{\Delta y}}{\overline{\Delta x}} = \frac{\sum_{i=1}^{n}\Delta y_i}{\sum_{i=1}^{n}\Delta x_i} \tag{1.9.6}$$

1.9.4 最小二乘法

虽然用列表法和作图法可对测量数据进行处理，表现各种物理规律，但它们不如用函数表示更明确和方便。从实验的测量数据中求出被测物理量之间的经验方程，叫方程的回归或拟合。最小二乘法是数据处理中最准确的方法，也是解决方程回归问题常用的方法。最小二乘法是由法国的勒让德（Legendre）于 1805 年首先发现的，德国的高斯（Gauss）于 1809 年建立了它的数学原理。最小二乘法所能解决的问题十分广泛，这里只对等精度测量直线拟合这一最简单的问题加以介绍。

用最小二乘法不仅能准确求出线性方程 $y = a + bx$ 中的 a 和 b，而且还能检验出这两个变量之间线性关系的符合程度。

（1）最小二乘法原理。

最小二乘法原理可表述为：一个测量列的最佳值，应使它与测量列中所有测量值的残差的平方和为最小。设测量列 x_1, x_2, $\cdots$, x_n 的最佳值是 A，则第 i 个测量值 x_i 的残差是 $v_i = x_i - A$，最小二乘法原理可以写成：

$$\sum (x_i - A)^2 = \min \tag{1.9.7}$$

两边对 A 求偏导数：

$$\sum -2(x_i - A) = 0$$

整理得：

$$A = \frac{1}{n}\sum x_i = \bar{x} \tag{1.9.8}$$

可见由最小二乘法原理可以证明一个测量列的最佳值就是这个测量列的算术平均值。

（2）求一元线性回归方程。

假设两个物理量之间满足线性关系，其函数形式可写为 $y = a + bx$。现由实验等精度测得一系列数据 x_1, x_2, $\cdots$, x_n; y_1, y_2, $\cdots$, y_n。假设 x_i 的误差远小于 y_i 的误差，因而 x_i 的误差可以忽略，而 y_i 与按方程 $y = a + bx_i$ 计算出的 y 值之间的偏差为 v_i，则：

$$v_i = y_i - y = y_i - (a + bx_i) \tag{1.9.9}$$

根据最小二乘法原理，a，b 的最佳取值，应使所有 y_i 偏差的平方和为最小，即：

$$\sum v_i^2 = \sum [y_i - (a + bx_i)]^2 = \min \quad (1.9.10)$$

根据极值的条件，将式(1.9.10)对 a 和 b 求一阶偏导数得联立方程组

$$\begin{cases} \dfrac{\partial}{\partial a} \sum (y_i - a - bx_i)^2 = 0 \\ \dfrac{\partial}{\partial b} \sum (y_i - a - bx_i)^2 = 0 \end{cases}$$

整理后得到：

$$\begin{cases} \sum y_i - na - b \sum x_i = 0 \\ \sum x_i y_i - a \sum x_i - b \sum x_i^2 = 0 \end{cases}$$

将 $\bar{x} = \dfrac{1}{n} \sum x_i$，$\bar{y} = \dfrac{1}{n} \sum y_i$，$\overline{xy} = \dfrac{1}{n} \sum x_i y_i$，$\overline{x^2} = \dfrac{1}{n} \sum x_i^2$ 代入上式，得

$$\begin{cases} \bar{y} - a - b\bar{x} = 0 \\ \overline{xy} - a\bar{x} - b\overline{x^2} = 0 \end{cases}$$

最后得到：

$$b = \dfrac{\overline{xy} - \bar{x} \cdot \bar{y}}{\overline{x^2} - \bar{x}^2} \quad (1.9.11)$$

$$a = \bar{y} - b\bar{x} \quad (1.9.12)$$

由 a、b 所确定的方程 $y = a + bx$ 是由实验数据 (x_i, y_i) 所拟合出的最佳方程，即回归方程。

(3) 相关系数与线性相关。

以上对线性回归方程 $y = a + bx$ 的确定，是在预先假定了 x，y 为线性关系时求得的线性回归系数 a，b。但这一结果是否合理，通常可以用相关系数 r 来判断：

$$r = \dfrac{\overline{xy} - \bar{x} \cdot \bar{y}}{\sqrt{(\overline{x^2} - \bar{x}^2)(\overline{y^2} - \bar{y}^2)}} \quad (1.9.13)$$

可以证明，$|r| \leqslant 1$，即 r 总是介于 -1 和 $+1$ 之间，当 $r = \pm 1$ 时，说明 x 和 y 完全线性相关。此时全部实验点都落在所求的最佳直线上。当 $r = 0$ 时，说明 x 与 y 完全不相关，彼此独立。此时实验点相对所求的直线是相当分散的。

由式(1.9.11)和(1.9.13)可以看出 r 与拟合直线的斜率 b 同号，即 $b > 0$ 时，$r > 0$，说明回归直线斜率为正时，相关系数为正，这叫做正相关；当 $b < 0$ 时，$r < 0$，说明回归直线斜率为负时，相关系数为负，这叫做负相关。

实际拟合时，$|r|$ 值为多少时，才能认为 x 和 y 线性相关呢？线性相关系数有一个起码值 r_0，当 $|r| > r_0$ 时，两个变量之间的线性关系显著，作线性拟合才是合理的；否则应该用其他形式的曲线方程来尝试拟合。

r_0 与测量次数 n 及显著性水平 α 有关。表 1.9.2 给出了 $\alpha = 0.01$ 条件下，不同 n 值时 r_0 的值。如 $n = 7$ 时，$r_0 = 0.874$，即在测量 7 组数据的情况下如果求出的相关系数 r 绝对值大于 0.874，则说明两个变量之间的线性关系显著，作线性拟合是合理的。

表 1.9.2 线性相关系数起码值 ($\alpha = 0.01$)

n	3	4	5	6	7	8	9	10	11	12	13
r_0	1.000	0.990	0.959	0.917	0.874	0.834	0.798	0.765	0.735	0.708	0.684

还要注意，不应按照有效数字的原则计算相关系数，比如计算得 $r = 0.999\,967\,2\cdots$，则最好取 $r = 0.999\,967$，即求出两位非9数为止，而不要写成 $r \approx 1$。

【练习题】

1. 判断下列情况哪些是随机误差，哪些是系统误差。
（1）千分尺零点的不准；
（2）用拉伸法测量杨氏模量的实验中，加、减砝码的过程两组数据读数不一样；
（3）用伏安法测电阻的实验中，"电流表内接法"和"电流表外接法"所引起的误差；
（4）冲击检流计零点的漂移；
（5）实验中因环境温度的变化而引起的测量误差；
（6）由于电源电压不稳定引起电流表读数不准的误差；
（7）由于天平不等臂而产生的误差；
（8）读取温度时，视线没有严格与水银柱垂直所产生的视差。

2. 对一电阻进行多次等精度测量，测量结果为
$R(\Omega)$：29.17，29.13，29.26，29.24，29.25，29.15
求待测电阻的平均值、测量列的标准偏差和平均值的标准偏差。

3. 用50分度的游标卡尺测量某样品的长度8次，数值为
$l(mm)$：43.56，43.58，43.54，43.56，43.54，43.56，43.60，43.52
请写出测量结果的表达式。

4. 写出下列测量公式的相对不确定度或绝对不确定度的表达式（要求有推导过程）。

（1）$Y = 2A + 4.5B^2 - \dfrac{5}{C^3}$（其中，$A$、$B$、$C$ 是直接测量量）；

（2）$Y = I\dfrac{r_2^2}{r_1^2}$（其中，$r_1$、$r_2$、$I$ 是直接测量量）；

（3）$Y = \dfrac{\cos^2 B}{\sin A}$，（其中，$A$、$B$ 是直接测量量）

（4）$Y = \dfrac{A^2 - \rho^2}{4A}$，（其中，$A$、$\rho$ 是直接测量量）

5. 单位变换。
（1）$l = (33.85 \pm 0.03)\,\text{cm} = (\quad)\,\text{mm} = (\quad)\,\text{m}$
（2）$m = (231.750 \pm 0.005)\,\text{kg} = (\quad)\,\text{g} = (\quad)\,\text{mg}$
（3）$\theta = (1.87 \pm 0.03)° = (\quad)'$
（4）$\alpha = 865'' = (\quad)°$

6. 有效数字的运算。
（1）$94.412 + 6.4$　　　（2）$204.500 - 2.1$
（3）$12\,354 \times 0.100$　　（4）$367.52 \div 0.10$
（5）$\dfrac{51.00 \times (18.36 - 16.3)}{(104 - 4.0) \times (1.00 + 0.001)}$
（6）$y = \cos 9°24'$

7. 测量金属丝在不同温度下的长度，获得下面（习题表1.1）一组数据：

习题表 1.1

$t/℃$	15.0	20.0	25.0	30.0	35.0	40.0	45.0	50.0
l/m	28.05	28.52	29.10	29.56	30.10	30.57	31.00	31.62

金属丝在一定温度 $t℃$ 下的长度公式为 $l = l_0(1 + \alpha t)$。l_0 为 $0℃$ 时金属丝的长度，α 为金属丝的线膨胀系数，请用作图法、逐差法和最小二乘法，分别求 l_0 和 α 值，写出 l 的表达式。并说明用三种方法的不同之处，用最小二乘法时要求出相关系数，并讨论线性相关性。

第 2 章　力学和热学实验

2.1　刚体转动惯量的测量

转动惯量是研究和描述刚体转动规律的一个重要物理量,它不仅取决于刚体的总质量,而且与刚体的形状、质量分布以及转轴位置有关。对于质量分布均匀、具有规则几何形状的刚体,可以通过数学方法计算出它绕给定转动轴的转动惯量。对于质量分布不均匀、没有规则几何形状的刚体,用数学方法计算其转动惯量是相当困难的,通常要用实验的方法来测定其转动惯量。因此,学会用实验的方法测定刚体的转动惯量具有重要的实际意义。

实验上测定刚体的转动惯量,一般都是使刚体以某一形式运动,通过描述这种运动的特定物理量与转动惯量的关系来间接地测定刚体的转动惯量。测定转动惯量的实验方法较多,如拉伸法、扭摆法、三线摆法等。本实验是利用刚体转动惯量实验仪来测定刚体的转动惯量的。为了便于与理论计算比较,实验中仍采用形状规则的刚体。

【实验目的】

（1）了解刚体转动惯量的测定方法,验证刚体转动定律;
（2）运用作图法处理实验数据。

【实验原理】

刚体转动惯量实验仪如图 2.1.1 所示。当塔轮和横杆系统组成的体系在砝码 m 的重力作用下绕固定转轴转动时,根据转动定律,在外力矩的作用下,将获得角加速度 β,其值与外力矩 M 成正比,与刚体的转动惯量 J 成反比,有:

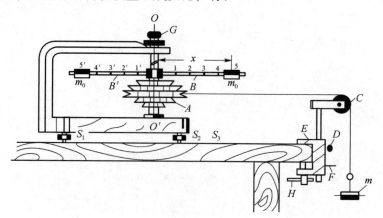

图 2.1.1　刚体转动惯量实验仪

$$M = J\beta \tag{2.1.1}$$

式中 M——刚体所受的合外力矩（主要由细绳的张力矩 $T \cdot r$ 和轴承的摩擦力矩 M_f 构成，即 $M = T \cdot r - M_f$）；

J——刚体对该轴的转动惯量；

β——角加速度。

设细绳的张力为 T，砝码 m 以匀加速度 a 从静止开始下落，下落的高度为 h，所需时间为 t，若忽略滑轮及细绳的质量以及滑轮上的摩擦力，且绳不可伸长，则有

$$mg - T = ma \tag{2.1.2}$$

$$h = \frac{1}{2}at^2 \tag{2.1.3}$$

线加速度与角加速度的关系：

$$a = r\beta \tag{2.1.4}$$

由式(2.1.1)～式(2.1.4)可得：

$$m(g-a)r = \frac{2h}{rt^2}J + M_f \tag{2.1.5}$$

当忽略小定滑轮的质量，且砝码质量比刚体质量小很多时，则有 $a \ll g$，式(2.1.5)近似得

$$mgr = \frac{2h}{rt^2}J + M_f \tag{2.1.6}$$

1. 依据刚体转动定律，测定刚体的转动惯量

（1）若保持 r、h 及重物 m_0 的位置不变，改变 m 则相应的下落时间 t 发生改变，则由式(2.1.6)有：

$$m = \frac{2hJ}{gr^2} \cdot \frac{1}{t^2} + \frac{M_f}{gr} = K_1 \cdot \frac{1}{t^2} + C_1 \tag{2.1.7}$$

式中，$K_1 = \frac{2hJ}{gr^2}$，$C_1 = \frac{M_f}{gr}$。

上式表明，m 与 $\frac{1}{t^2}$ 成线性关系。以 $\frac{1}{t^2}$ 为横坐标，m 为纵坐标，作 $m - \frac{1}{t^2}$ 图线，如得一条直线，表明式(2.1.1)是成立的，即验证了刚体的转动定律。由斜率 K_1 和截距 C_1 即可求出刚体的转动惯量 J 和摩擦力矩 M_f。

（2）保持上面的刚体体系不变，并保持 h、m 及重物 m_0 的位置不变，改变 r 则由式(2.1.6)有：

$$r = \frac{2hJ}{mg} \cdot \frac{1}{rt^2} + \frac{M_f}{mg} = K_2 \cdot \frac{1}{rt^2} + C_2 \tag{2.1.8}$$

式中，$K_2 = \frac{2hJ}{mg}$，$C_2 = \frac{M_f}{mg}$。

上式表明，r 与 $\frac{1}{rt^2}$ 成线性关系。以 $\frac{1}{rt^2}$ 为横坐标，r 为纵坐标，作 $r - \frac{1}{rt^2}$ 图，如果也是一条直线，同样证明式(2.1.1)是成立的，即转动定律是正确的。由斜率 K_2 和截距 C_2 可求出刚体的转动惯量 J 和摩擦力矩 M_f。

2. 验证平行轴定理

保持 r、h、m 不变，对称地改变 2 个重物 m_0 的质心到 OO' 轴之间的距离 x。根据刚体

转动惯量的平行轴定理，整个刚体系绕 OO' 轴的转动惯量为：

$$J = J_0 + 2(J_{m_0} + m_0 x^2) \tag{2.1.9}$$

式中，J_0 为塔轮 A 与细杆 BB' 绕 OO' 轴的转动惯量。

将式(2.1.9)代入式(2.1.6)，并不考虑 M_f，整理得：

$$t^2 = \frac{4m_0 h}{mgr^2} x^2 + \frac{2h(J_0 + 2J_{m_0})}{mgr^2} = K_3 \cdot x^2 + C_3 \tag{2.1.10}$$

对称地移动 2 个重物 m_0 的位置，可得不同的 x，测出 x 及 t 值。以 x^2 为横坐标，t^2 为纵坐标，作 $t^2 - x^2$ 图线，若是一条直线，则证明转动惯量 J 与质量分布有关，且验证了平行轴定理。

【实验装置】

刚体转动实验组盒(刚体转动惯量实验仪、滑轮、滑轮支架、砝码、砝码托、细线等)，电子停表，钢直尺，游标卡尺，物理天平。

【实验数据】

(1) 保持其他物理量不变，改变砝码质量 m，将实验数据填入表 2.1.1。

塔轮半径 $r =$ _____ cm，高度 $h =$ _____ cm，$m_0 =$ _____ g。

表 2.1.1 砝码与盘的总质量 M 与 $\frac{1}{t^2}$ 关系

M/g	t_1/s	t_2/s	t_3/s	t_4/s	t_5/s	$\frac{1}{t^2}$/s^{-2}

(2) 保持其他物理量不变，改变塔轮半径 r，将实验数据填入表 2.1.2。

砝码 $m =$ _____ g，高度 $h =$ _____ cm，$m_0 =$ _____ g。

表 2.1.2 塔轮半径 r 与 $\frac{1}{rt^2}$ 关系

r/cm	t_1/s	t_2/s	t_3/s	t_4/s	t_5/s	$\frac{1}{rt^2}$/(cm^{-1}·s^{-2})

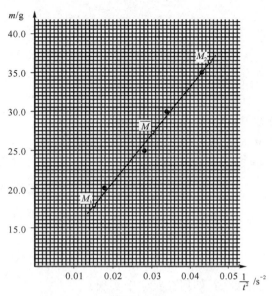

图 2.1.2 砝码与盘的总质量 M 与 $\frac{1}{t^2}$ 关系

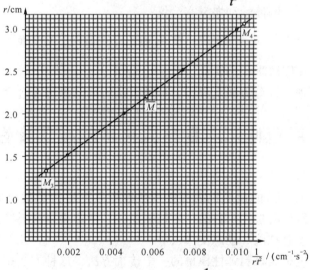

图 2.1.3 塔轮半径 r 与 $\frac{1}{rt^2}$ 关系

【数据处理】

解：(1) 将 M_1 和 M_2 代入

$$K_1 = \frac{y_2 - y_1}{x_2 - x_1} = \underline{\qquad} = \underline{\qquad} (\text{g} \cdot \text{s}^2)$$

设直线方程为 $y = K_1 x + C_1$

将 M_1 代入该直线方程得：$C_1 = \underline{\qquad}$ (g)

由于 $K_1 = \dfrac{2hJ}{gr^2}$，$C_1 = \dfrac{M_f}{gr}$，

则 $J = \dfrac{gr^2 K_1}{2h} = \underline{\qquad} = \underline{\qquad} (\text{kg} \cdot \text{m}^2)$

$M_r = grC_1 = $ _____ = _____ (N·m)

(2) 将 M_4 和 M_5 代入

$K_2 = \dfrac{y_4 - y_5}{x_4 - x_5} = $ _____ = _____ (cm²·s²)

设直线方程为 $y = K_2 x + C_2$

将 M_4 代入该直线方程得：$C_2 = $ _____ (cm)

由于 $K_2 = \dfrac{2hJ}{mg}$，$C_2 = \dfrac{M_f}{mg}$，

则 $J = \dfrac{mgK_2}{2h} = $ _____ = _____ (kg·m²)

$M_f = mgC_2 = $ _____ = _____ (N·m)

【思考题】

(1) 实验要求的条件是什么？如何在实验中实现？
(2) 实验中如何保证 $g \gg a$ 的条件成立？
(3) 怎样安装和调整刚体转动惯量实验仪？
(4) 由实验数据所作的 $m - \dfrac{1}{t^2}$ 图中，在 m 轴上存在截距，应如何解释？
(5) 试分析两种作图法求得的转动惯量是否相同。
(6) 试从实验原理、计算方法上分析，哪种方法所得结果更为合理。

2.2 用拉伸法测量金属材料的杨氏弹性模量

材料受外力作用时必然发生形变，在弹性限度内，其应力（单位面积上所受力的大小）和应变（单位长度上的形变）的比值称为杨氏弹性模量。它是衡量材料受力后形变的参数之一，是设计各种工程结构时选用材料的主要依据之一。测定金属材料杨氏弹性模量的方法主要有静态拉伸法、动态悬挂法、动态支撑法等。

静态拉伸法是测定金属材料弹性模量的一个传统方法，这种方法拉伸实验载荷大，加载速度慢，存在弛豫过程，对于脆性材料和不同温度条件下的测量难以实现，但作为教学实验，该方法在仪器的合理配置、长度的放大测量及测量结果的不确定度评定等方面具有普遍意义。

【实验目的】

(1) 学习应力、应变及杨氏模量的基本概念及物理意义。
(2) 掌握螺旋测微器的使用方法，学会用光杠杆测量微小伸长量。
(3) 学会用拉伸法测量金属丝的杨氏模量。

【实验原理】

杨氏模量是工程材料的重要参数，它是描述材料刚性特征的物理量。杨氏模量越大越不容易发生变形。

对一长度为 L，横截面积为 S 形状均匀的金属丝，沿长度方向加一外力 F 后伸长了 ΔL。在弹性限度内金属丝受到的外力 F 与伸长量 ΔL 成正比，物体发生弹性形变。此时，我们看物体内部任意一点所受的力的作用，其作用的强度定义为该点的应力：

$$\sigma = \frac{F}{S} \tag{2.2.1}$$

同时，该点会发生一个微小的变形，其变形的程度定义为该点的应变：

$$\varepsilon = \frac{\Delta L}{L} \tag{2.2.2}$$

该点的杨氏弹性模量就是该点的应力与应变的比值，单位为牛顿每平方米(N/m^2)。

$$Y = \frac{F/S}{\Delta L/L} \tag{2.2.3}$$

实验证明，物体杨氏弹性模量只取决于物体的材质，而与外力 F、物体的长度 L 及横截面积 S 的大小无关。

若钢丝直径为 d，其横截面积为：

$$S = \frac{1}{4}\pi d^2 \tag{2.2.4}$$

将式(2.2.4)代入上式可得：

$$Y = \frac{4L}{\pi d^2} \cdot \frac{F}{\Delta L} \tag{2.2.5}$$

式中，ΔL 是微小伸长量，实验中采用光杠杆放大法进行测量，原理如图 2.2.1 所示。

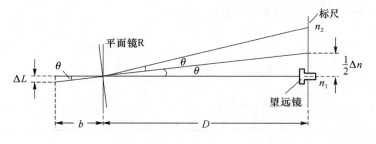

图 2.2.1

由图 2.2.1 中可见，$\Delta L \ll b$ 时，θ 角很小，则 $\tan\theta = \theta$。如图可知 $\frac{\Delta L}{b} = \tan\theta$，$\frac{\Delta n}{D} = \tan 2\theta$，$\frac{\Delta L}{b} = \theta$，$\frac{\Delta n}{D} = 2\theta$。所以可得：

$$\Delta L = \frac{b}{2D}\Delta n \tag{2.2.6}$$

将式(2.2.6)代入杨氏模量公式(2.2.5)，得：

$$Y = \frac{8FLD}{\pi d^2 b \Delta n} \tag{2.2.7}$$

式中，Δn 是加 4 个砝码对应望远镜中读数的变化量。实验中，每加一个砝码都要读出望远镜中的读数 n_1，n_2，n_3，$\cdots$，用逐差法求得 Δn。

【实验装置】

杨氏模量测定仪（包括：拉伸仪、光杠杆、望远镜、标尺），水准器，钢卷尺，游标卡尺，螺旋测微器，钢直尺。

【实验内容】

（1）金属丝与支架：金属丝长约 0.5 m，上端被夹紧在支架上梁，下端连接圆柱形夹头。该圆柱形夹头可以在支架下梁的圆孔内自由移动。支架下方有三个可调支脚。用圆形的气泡水准。使用时应调节支脚。由气泡水准判断支架是否处于垂直状态。这样才能使圆柱形夹头在下梁平台的圆孔转移动时不受摩擦。

（2）光杠杆：使用时两前支脚放在支架的下梁平台三角形凹槽内，后支脚放在圆柱形夹头上端平面上。当钢丝受力拉伸时，随着圆柱夹头下降，光杠杆的后支脚也下降，使平面镜以两前支脚为轴旋转。

（3）瞄准：细心调节光杠杆的镜面角度，还要调节望远镜的位置和角度，使望远镜的瞄准器对准标尺的像，通过调节焦距使标尺成像在分划板平面上。由于标尺像与分划板处于同一平面，所以可以消除读数时的视差（即消除眼睛上下移动时标尺像与十字线之间的相对位移）。标尺是一般的米尺，但中间刻度为 0。

（4）测量数据：测量钢丝的直径四次，计入表 2.2.1。每次增加一个砝码，每增加一个砝码记录砝码的数量和望远镜里的读数，记入表 2.2.2，减砝码过程再记录一遍。测量钢丝长度、光杠杆常数、标尺到望远镜的距离，记入表 2.2.4。

【实验数据】

表 2.2.1 用千分尺测量钢丝直径

次数	1	2	3	4	平均
d_i/mm					

仪器的最小分度：0.01 mm，仪器误差 $d_0 = 0.006$ mm。

表 2.2.2 用望远镜读标尺的数据

砝码数 望远镜读数	1	2	3	4	5	6	7	8
n_i/mm								
n_{-i}/mm								
平均值 $\bar{n}_i$/mm								

标尺的最小分度：1 mm，误差限 $\Delta_{标尺}$ 可取 0.5 mm。

表 2.2.3 逐差法计算表   mm

次数	1	2	3	4	平均
$\Delta n_i = \overline{n_{i+4}} - \overline{n_i}$					

表 2.2.4 D、L、b 三个物理量分别测量一次

测量量	D/mm	L/mm	b/mm
测量值			
估计误差限	2	1	0.02

D、L 两物理量的测量用米尺,最小分度:1 mm,b 用游标卡尺测量,最小分度:0.02 mm。

【数据处理】

1) 直接测量不确定度的计算过程,要求计算每一个直接测量的 A 类和 B 类不确定度,并且求出每一个直接测量量的合成不确定度。计算的过程要完整、有效数字要正确、结果单位要准确。

(1) $u_{\overline{d}A} = S_{\overline{d}} = \sqrt{\dfrac{\sum_{i=1}^{6}(d_i - \overline{d})^2}{n(n-1)}} = \underline{\qquad} = \underline{\qquad}$ mm

$u_{\overline{d}B} = \dfrac{\Delta_{千分尺}}{\sqrt{3}} = \dfrac{0.004}{\sqrt{3}} = \underline{\qquad}$ mm

$u_{\overline{d}} = \sqrt{u_{\overline{d}A}^2 + u_{\overline{d}B}^2} = \underline{\qquad}$ mm

(2) $u_{\overline{\Delta n}A} = \sqrt{\dfrac{\sum_{i=1}^{4}(\overline{\Delta n_i} - \overline{\Delta n})^2}{n(n-1)}} = \underline{\qquad}$ mm

$u_{\overline{\Delta n}B} = \dfrac{\Delta_{标尺}}{\sqrt{3}} = \dfrac{0.5}{\sqrt{3}} = \underline{\qquad}$ mm

$u_{\overline{\Delta nc}} = \sqrt{u_{\overline{\Delta n}A}^2 + u_{\overline{\Delta n}B}^2} = \underline{\qquad}$ mm

(3) $u_{DB} = \dfrac{\Delta D}{\sqrt{3}} = \dfrac{2}{\sqrt{3}} = \underline{\qquad}$ mm

(4) $u_{LB} = \dfrac{\Delta L}{\sqrt{3}} = \dfrac{1}{\sqrt{3}} = \underline{\qquad}$ mm

(5) $u_{bB} = \dfrac{\Delta b}{\sqrt{3}} = \dfrac{0.02}{\sqrt{3}} = \underline{\qquad}$ mm

(6) F 为一个砝码的重力,对应的伸长量应该是 Δn,F 可以近似认为准确,不计入不确定度的计算。

2) 实验结果及不确定度的计算,要求计算出实验的结果,还要根据间接测量不确定度的递推公式计算出结果的不确定度及相对不确定度。

$$\bar{y} = \frac{32FLD}{\pi \bar{d}^2 b \Delta n} = \underline{\hspace{2cm}}$$

$$E_Y = \sqrt{\left(\frac{u_F}{F}\right)^2 + \left(\frac{u_D}{D}\right)^2 + 4\left(\frac{u_d}{d}\right)^2 + \left(\frac{u_{\Delta n}}{\Delta n}\right)^2 + \left(\frac{u_b}{b}\right)^2 + \left(\frac{u_L}{L}\right)^2} = \underline{\hspace{2cm}}$$

$$U_Y = E_Y \cdot \bar{y} = \underline{\hspace{2cm}}$$

3) 结果的表示，按照要求表示结果、结果的不确定度、相对不确定度、置信概率。

$Y = \bar{y} \pm U_{Yc} = \underline{\hspace{2cm}}$

$E_Y = \underline{\hspace{2cm}}$

$P = 68.3\%$

【思考题】

(1) 本实验所测量的各量中，哪一个物理量要测量的特别准确？哪些量次之？体会选用不同量具对各物理量测量的意义。

(2) 杨氏模量的物理意义是什么？它和强度系数有什么不同？

(3) 试用作图法或最小二乘法处理数据。

(4) 你能否通过查找资料，学习用新的方法或技术测量实验中的微小长度？

2.3 用动态法测量金属材料的杨氏弹性模量

动态法是测定弹性模量的另一种方法，它可以克服静态拉伸法的不足之处，是目前国际上应用广泛的一种测量方法，也是国家标准中推荐采用的一种测量方法。

【实验目的】

(1) 学会使用信号发生器及示波器。

(2) 掌握测量细杆共振频率的基本方法。

(3) 利用动态法测量杨氏模量。

【实验原理】

任何物体都有其固有的振动频率，这个固有振动频率取决于材料的振动模式、边界条件、弹性模量、密度以及试样的几何尺寸、形状等。只要能够从理论上建立一定的振动模式、边界条件、材料的固有频率及其他参量之间的关系，就可通过测量材料的固有频率、质量和几何尺寸来计算材料的杨氏弹性模量。

1. 杆振动的基本方程

当一根细长的杆做微小的横（弯曲）振动时，选择杆的一端为坐标原点，沿着细杆的长度方向定义为 x 轴建立直角坐标系，利用牛顿力学和材料力学的基本理论，可推导出杆的振动方程为：

$$\frac{\partial^2 U}{\partial t^2} + \frac{EI}{a}\frac{\partial^4 U}{\partial x^4} = 0 \tag{2.3.1}$$

式中，U 为细杆上任一点 x 在时刻 t 的横向位移，单位为 m；E 为杨氏模量，单位为 N/m²；I 为绕垂直于细杆且通过横截面形心的轴的惯性矩，单位为 m⁴；a 为每单位长度上的质量，单位为 kg/m。

对长度为 L、两端自由的细杆，两自由端的弯矩和作用力都为零，边界条件为：

$$\frac{\partial^2 U}{\partial x^2} = 0, \quad \frac{\partial^3 U}{\partial x^3} = 0 \tag{2.3.2}$$

用分离变量法解微分方程(2.3.1)式并利用边界条件(2.3.2)式，可推导出细杆自由振动的频率方程为：

$$\cos(kL) \cdot \operatorname{ch}(kL) = 1 \tag{2.3.3}$$

式中，k 为求解过程中引入的系数，在 $d \ll L$ 的条件下，其值满足：

$$k^4 = \frac{\omega^2 a}{EI} \tag{2.3.4}$$

式中，ω 为细杆的固有振动角频率。从(2.3.4)式可知：当 a、E、I 一定时，角频率 ω（或频率 f）是待定系数 k 的函数，k 可由(2.3.3)式求得。(2.3.3)式为超越方程，不能用解析法求解，利用数值计算法求得前 n 组解为：

$$k_1 L = 1.506\pi, \quad k_2 L = 2.4997\pi, \quad k_3 L = 3.5004\pi$$

$$k_4 L = 4.5005\pi, \quad \cdots, \quad k_n L \approx \left(n + \frac{1}{2}\right)\pi$$

这样，对应 k 的 n 个取值，细杆的固有振动频率有 n 个 $f_1, f_2, f_3, \cdots, f_n$。其中 f_1 为细杆振动的基频，$f_2, f_3, \cdots$ 分别为细杆振动的一次谐波频率、二次谐波频率、……。弹性模量是材料的特性参数，与谐波级次无关，根据这一点可以导出谐波振动与基频振动之间的频率关系为：

$$f_1 : f_2 : f_3 : f_4 = 1 : 2.76 : 5.40 : 8.93$$

2. 用动态法测量杨氏模量

若取细杆振动的基频，由 $k_1 L = 1.506\pi$ 及(2.3.4)式，得：

$$f_1^2 = \frac{1.506^4 \pi^2}{4L^4 a}$$

对圆形棒，有：

$$I = \frac{3.14}{64} d^4$$

$$E = 1.6067 \frac{mL^3}{d^4} f_1^2 \tag{2.3.5}$$

式中，$m = aL$，为细杆的质量；d 为细杆的直径。这样，在实验中测得细杆的质量、长度、直径及固有频率，即可求得杨氏模量。

【实验装置】

悬挂式杨氏模量测量装置、支撑式杨氏模量测量装置、示波器、千分尺、游标卡尺、天平等。

【实验内容】

悬挂式杨氏模量测量装置如图 2.3.1 所示，支撑式测量装置如图 2.3.2 所示。

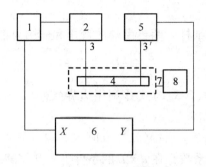

图 2.3.1　悬挂式杨氏模量测量装置图
1—功率函数信号发生器；2—换能器；3，3′—悬丝；
4—细杆；5—接收换能器；6—示波器；7—加热炉；8—温控器

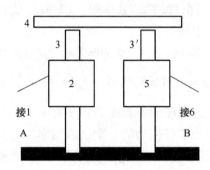

图 2.3.2　支撑式杨氏模量测量装置图
1—功率函数信号发生器；2—换能器；3，3′—支撑物；
4—细杆；5—接收换能器；6—示波器

图 2.3.1 和图 2.3.2 中的 1 是功率函数信号发生器，它发出的声频信号经换能器 2 转换为机械振动信号，该振动通过悬丝（或支撑物）3 传入细杆引起细杆 4 振动，细杆的振动情况通过悬丝（或支撑物）3′传入接收换能器 5 转变为电信号进入示波器显示。调节信号发生器的输出频率，当信号发生器的输出频率不等于细杆的固有频率时，细杆不发生共振，示波器上波形幅度很小。当信号发生器的输出频率等于细杆的固有频率时，细杆发生共振，在示波器 6 上可看到信号波形振幅达到最大值。如将信号发生器的输出同时接入示波器的 x 轴，则当输出信号频率在共振频率附近扫描时，可在显示器上看到李萨如图形（椭圆）的主轴在 y 轴左、右偏转。当测量不同温度下的杨氏模量时，需将细杆置于加热炉 7 内，改变炉温，即可测量不同温度下试样的杨氏模量，炉温由温控器 8 调节控制。

在图 2.3.1 中，两个换能器的位置可调节，悬线采用直径为 0.05~0.15 mm 的铜线，粗硬的悬线将引入较大的误差。图 2.3.2 中，细杆 4 通过特殊材料搭放在两个换能器上，支架横杆上有 2 和 5 两个换能器，其间距可调节。

实验测试样品共有四根直的圆细杆。测量过程如下：

(1) 用螺旋测微计测量细杆的直径，取不同部位测量 3 次，取平均值。

(2) 用游标卡尺测量细杆的长度，测量 3 次，取平均值。

(3) 用天平测量细杆的质量。

(4) 根据图 2.3.1 连接各仪器，先用支撑式测量装置测出各细杆的共振频率。

(5) 将细长棒悬挂入炉升温,测量杨氏模量随温度的变化。测试用的细杆选用短的钢棒,悬线牢固结扎在距端点约 10 mm(节点)处,分别测量细杆在室温、100℃、200℃、300℃、400℃、500℃下的共振频率,每个温度下重复测量 5 次。注意当炉腔内温度较高时,炉体表面温度较高,不要用手直接触摸,以免烫伤。

(6) 根据(2.3.5)式计算杨氏模量数值。

注:(2.3.5)式是在 $d \ll L$ 的条件下推出的,实际细杆的径长比不可能趋于零,从而给求得的弹性模量带来了系统误差,这就须对求得的弹性模量作修正。E(修正)$= KE$(未修正),K 为修正系数,它与谐波级次、试样的泊松比、径长比有关,当材料泊松比为 0.25 时,基频波修正系数随径长比的变化如表 2.3.1 所示。

表 2.3.1 基频波修正系数随径长比的变化数据表

径长比 d/L	0.01	0.02	0.03	0.04	0.05
修正系数 K	1.001	1.002	1.005	1.008	1.014

【注意事项】

(1) 在悬挂金属棒的过程中,不可用力拉扯悬丝,否则会损坏换能器。
(2) 必须捆紧两根悬丝,不能松动。在实验中,要等待金属棒稳定后方可进行测量。

【数据处理】

参考实验 2.2 中的数据处理,求杨氏弹性模量。

【思考题】

(1) 物理的固有频率和共振频率有何不同,它们之间有什么联系?
(2) 在实验中,如何判断基频下的共振频率?

2.4 气垫导轨实验

气垫导轨是由一根平直、光滑的三角形铝合金型材导轨固定在一根刚性很强的金属支架上构成的,它是一种阻力极小的力学实验装置。它利用气源将压缩空气打入导轨型腔,再由导轨表面上的小孔喷出气流,在导轨与滑块之间形成很薄的气膜,将滑块浮起,使滑块在导轨上受到的阻力大大地减小,但这种气层间的黏滞性内摩擦力不能忽略。本实验用一种简单、巧妙的方法将其基本抵消,有效地提高了测量的准确度。

利用气垫导轨还可测量重力加速度或进行空气的黏滞阻力等方面的研究。

【实验目的】

(1) 学会使用数字毫秒计。
(2) 掌握气垫导轨的调整方法。在完全弹性碰撞和完全非弹性碰撞两种情况下,研究动量守恒定律。
(3) 分析、讨论如何改进实验方法以提高测量结果的准确度。

【实验原理】

如图 2.4.1 所示，在气垫导轨上，为了消去空气阻力，将导轨倾斜一个较小的角度 θ，让质量为 m_1 的滑块 I 以适当的速度从导轨的高端向低端滑动，首先到达第一光电门。滑块上带有如图 2.4.2 所示的凹形挡光板，经过光电门时，光电门的光正好扫过凹形挡光板上部两个凸起的部分，因而先后两次遮光，用数字毫秒计来记录经过第一光电门两次遮光的时间间隔 Δt_1。若凹形挡光板上部两个凸起部分的距离为 L_1（对 m_1 滑块 I），则 Δt_1 为滑块 I 经距离 L_1 所用的时间间隔。滑块 I 继续前进，经过第二光电门，第二次记录两次遮光的时间间隔 Δt_2。比较滑块 I 经过两个光电门的时间间隔：若 $\Delta t_1 > \Delta t_2$，则滑块 I 做加速运动；若 $\Delta t_1 < \Delta t_2$，则滑块 I 做减速运动；若 $\Delta t_1 = \Delta t_2$，则滑块做匀速运动。分析图 2.4.1 中滑块的受力情况，可得：

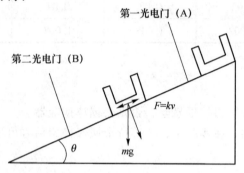
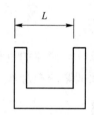

图 2.4.1　气垫导轨实验原理图　　　　图 2.4.2　凹形挡光板截面图

$$mg\sin\theta - F = ma \qquad (2.4.1)$$
$$F = kv \qquad (2.4.2)$$

式中，v 为滑块的运动速度，F 为空气的黏滞力。滑块在气垫导轨上运动时，会受到与它的速度成正比（在一定速度范围内）且与速度方向相反的空气的阻力。由理论及实践可以证明：这个力很小，但不能忽略。

要改变滑块的运动状态，有两种方法：

（1）调节导轨底脚的水平螺丝，以改变导轨面与水平面之间的夹角 θ。

（2）改变滑块的运动速度 v。

由 (2.4.1) 式和 (2.4.2) 式可知：若 $mg\sin\theta > kv$，则滑块做加速运动；若 $mg\sin\theta < kv$，则滑块做减速运动；只有 $mg\sin\theta = kv$ 时，滑块才做匀速运动。我们称滑块匀速运动的速度为**恰当速度**。前面提到的数字毫秒计显示的时间为**恰当时间**。若滑块在经过两个光电门的时间间隔相等，则说明滑块在两个光电门之间所受的合外力为零，合外力的冲量也为零，此时滑块的动量守恒。

恰当速度有一定的范围，也就是当滑块匀速运动经两个光电门的时间间隔相等时所对应的速度存在一定范围。不同的气垫导轨，滑块处于不同的运动状态，其速度范围是不一样的。调整气垫导轨，实际上是在寻找合适的恰当速度的范围。

将质量为 m_2、初速度为 v_{20} 的滑块 II 置于两个光电门之间，另一质量为 m_1 的滑块 I 以 v_{10} 速度经第一光电门去碰滑块 II。若两个滑块的速度都在恰当速度范围内，则两个滑块构成的系统所受的合外力为零，合外力的冲量也为零，此时，该系统的动量守恒，有：

$$m_1v_{10} + m_2v_{20} = m_1v_1 + m_2v_2 \tag{2.4.3}$$

式中，v_1、v_2 分别为滑块 I、滑块 II 碰撞后的速度。

若碰撞为完全弹性碰撞，则系统的机械能守恒，应有：

$$\frac{1}{2}m_1v_{10}^2 + \frac{1}{2}m_2v_{20}^2 = \frac{1}{2}m_1v_1^2 + \frac{1}{2}m_2v_2^2 \tag{2.4.4}$$

若 $v_{20} = 0$，设 $m_1 = m_2 = m$，由(2.4.3)式、(2.4.4)式，得：

$$v_1 = 0, \quad v_2 = v_{10} \tag{2.4.5}$$

即碰撞前滑块 II 原来处于静止状态，碰撞后滑块 II 以滑块 I 碰撞前的运动速度前进，而滑块 I 处于静止，也就是滑块 I、II 的速度相互进行交换。

若碰撞为完全非弹性碰撞，则碰撞后粘在一起($v_1 = v_2 = v$)，此时动量守恒，但机械能不守恒，由(2.4.3)式，得：

$$v = \frac{m_1v_{10} + m_2v_{20}}{m_1 + m_2} \tag{2.4.6}$$

若 $m_1 = m_2 = m$，且 $v_{20} = 0$，则有：

$$v = \frac{1}{2}v_{10} \tag{2.4.7}$$

即碰撞后，两个滑块均以滑块 I 碰撞前的一半运动速度前进。

【实验装置】

多功能数字毫秒计、气垫导轨、气源、天平、游标卡尺、米尺等。

【实验内容】

1. 清洗、调整气垫导轨

1）接通气源开关，用酒精棉擦净导轨面和滑块内侧面。

2）调整气垫导轨。

（1）静态调整。将滑块放在两个光电门的中间，调整气垫导轨的底脚螺丝（单腿支撑点），使其保持基本静止的状态。

（2）动态调整。在静态调整的基础上，使一个滑块沿下坡方向运动，调节导轨的底脚螺丝，使滑块经过两个光电门的时间间隔之差小于 0.5 ms，并要求滑块的运动速度所对应的时间间隔在 120 ~ 140 ms，找到恰当速度（即恰当时间）的范围，并以此作为实验条件。

2. 研究完全弹性碰撞

（1）用天平分别称量两个滑块的质量 m_1、m_2，各测量 1 次，使它们尽可能接近（要求：$|m_1 - m_2| < 0.5$ g）。测量遮光板的长度 L_1、L_2，分别测量 5 次。

（2）把一个滑块放在两个光电门之间，使之处于静止状态。推动另一滑块，在恰当时间范围内（即 120 ~ 140 ms）碰撞静止的滑块，实现完全弹性碰撞。

（3）若碰撞前、后的时间间隔之差大于 2.5 ms，则需上下、左右调整碰撞点使其能够对心碰撞，记录 7 次实验数据。

3. 研究完全非弹性碰撞

（1）把一个滑块放在两个光电门之间，使之处于静止状态。推动另一滑块，在恰当时间范围内（即 120 ~ 140 ms）碰撞静止的滑块，实现完全非弹性碰撞。注意：碰撞点应选在第二个光电门附近。

（2）上下、左右反复调整碰撞点，使其能够对心碰撞，直到满意为止，记录7次实验数据。

在碰撞前，即使滑块以恰当速度运动，但进行完全非弹性碰撞后，两个滑块是粘在一起运动的，它们的速度会大大地减小，这一速度远小于恰当速度，导致空气的黏滞力减小了，滑块将作加速运动。为了减小由此带来的不确定度，碰撞点应选在第二个光电门附近，以保证碰撞后还未加速（加速不大）便立即将时间间隔记录下来。

通过对光束反射点的观察来解决非对心碰撞问题是一种较好的方法。现简要介绍如下：用激光照射固定在滑块上的小平面反射镜。碰撞时，观察反射在5 m远处屏上（一般在墙上即可）反射光点的跳动情况。可上下、左右移动碰撞点，很快便可达到非常理想的状态（即反射的光点不动）。

【注意事项】

（1）必须找到恰当速度才能满足本实验条件。
（2）两个光电门之间的距离应尽可能长一些。
（3）在完全非弹性碰撞中所用的橡皮粘膏不能乱贴在滑块上，以免因进入滑块内部而堵住气垫导轨的排气孔。
（4）对于完全非弹性碰撞，碰撞点应选在第二个光电门附近。

【数据处理】

（1）分别计算完全弹性碰撞和完全非弹性碰撞在碰撞前后动量之比 K。

$$K = \frac{P_1}{P_2} = \frac{m_1 v_{10} + m_2 v_{20}}{m_1 v_1 + m_2 v_2}$$

对于每一种碰撞，算出 K_1，K_2，$\cdots$，K_7，求平均值。

（2）分别评定完全弹性碰撞和完全非弹性碰撞时 K 的不确定度，表示测量结果。

【思考题】

（1）什么叫恰当速度？确定恰当速度范围的意义是什么？
（2）两个光电门之间的距离为什么要尽可能长一些？
（3）完全非弹性碰撞的碰撞点选在第二个光电门附近，以便碰撞后立即记录时间，这是为什么？
（4）在实验中，哪些因素对测量结果起决定性作用？应如何改进方法以提高测量的准确度？

2.5 用落球法测量液体的黏滞系数

流体的黏滞系数也叫黏度系数，又叫内摩擦系数。它表征液体的流动性能。黏滞系数的大小与材料有关，还与温度有关。在实际工作中，测定流体的黏滞系数有很重要的意义。例如水利、热力工程中涉及水、石油、蒸汽等流体在管道中长距离输送时的能量损耗，机械工艺中，各种润滑油的选择，航空、造船工业中，研究运动物体在流体中受力的情况等等，都必须考虑流体的黏滞性。

【实验目的】

（1）认识液体边界对内部运动物体的影响。
（2）进一步熟练使用质量、长度、时间测量仪器。
（3）了解斯托克斯定律，学会用斯托克斯法测定液体黏滞系数。

【实验原理】

光滑小球在无限广延的液体中以速度 v 运动时，小球将受到与速度方向相反的黏滞阻力的作用。当速度很小、小球也非常小时，斯托克斯指出，小球所受到的黏滞阻力由下式决定：

$$f = 6\pi\eta vr \tag{2.5.1}$$

式中，r 为小球的半径，v 为小球相对于液体的速度，η 为液体的黏滞系数，它与液体的种类及温度有关。当质量为 m，体积为 τ 的小球，在密度为 ρ_0 的液体中下落时，小球受到三个力的作用如图图 2.5.1 所示。

图 2.5.1 小球受力分析图

小球开始下落时速度很小，所受的黏滞阻力也很小，方向向下的重力大于方向向上的两个力——黏滞阻力和浮力之和。因此小球作向下的加速运动。随着小球下落速度的增加，黏滞阻力逐渐变大，当达到某一速度 v_0 时，小球受到的合外力为零，此时小球将匀速下落，运动方程为

$$mg - 6\pi\eta v_0 r - \rho_0 \tau g = 0 \tag{2.5.2}$$

所以

$$\eta = \frac{(m - \rho_0 \tau)g}{6\pi r v_0} \tag{2.5.3}$$

因为 $\tau = \frac{4}{3}\pi r^3$，$v_0 = \frac{H}{t_0}$，$H$ 为小球匀速下落的距离，小球直径 $d = 2r$，小球密度 $\rho = m/\tau$。代入(2.5.3)式，有：

$$\eta = \frac{\left(m - \frac{4}{3}\pi r^3 \rho_0\right)gt_0}{6\pi rH} = \frac{(\rho - \rho_0)gd^2 t_0}{18H} \tag{2.5.4}$$

式中，t_0 为小球在无限广延的液体中匀速下落 H 距离所需的时间。

在实验的装置中，如果容器内径 D 和液体深度 h 不能看作无限广延的，则(2.5.4)式应修正为零级近似为：

$$\eta = \frac{(\rho - \rho_0)gd^2 t}{18H\left(1 + 2.40 \times \dfrac{d}{D}\right)\left(1 + 1.65 \times \dfrac{d}{h}\right)} \tag{2.5.5}$$

由(2.5.4)式、(2.5.5)式，得：

$$t = t_0\left(1 + 1.65 \times \frac{d}{h}\right)\left(1 + 2.40 \times \frac{d}{D}\right) \tag{2.5.6}$$

深度校正项中的 d/h 很小，也可忽略，(2.5.6)式变为：

$$t = t_0 \left(1 + 2.40 \times \frac{d}{D}\right) \tag{2.5.7}$$

【实验装置】

黏滞系数测定(落球法)仪、数字式电秒表、游标卡尺、小钢球、油筒。

【实验内容】

(1) 调节仪器底脚的螺丝,使仪器底板处于水平状态。
(2) 测5次小球的直径d。
(3) 测小球的质量m(多个质量相同的小球一起称量平均而得)。
(4) 测量每个油筒上下两刻线之间的小球匀速下降的距离H(如果要深度校正,那么还要测量液面高度h)。
(5) 使小球下落,测量小球从每个不同直径油筒上刻线至下刻线间的匀速下降的时间$t_i (i=1, 2, 3, 4, 5)$。

注:d和m的准确测量是不容易的,一般由实验室给出。

【数据处理】

本实验中用一组直径不同的、装有待测液体的管子进行多次测量,采用线性拟合(线性关系参见(2.5.6)式,$t—1/D$是线性关系)。忽略深度校正项d/h,可以用(2.5.7)式计算,得到管子直径无穷大时(无限广延)的小球匀速下落的时间t_0,方法如下:

在(2.5.7)式中,t与$1/D$是线性关系,以t为纵坐标,以$1/D$为横坐标;令第i根管子(内径为D_i)中小球匀速下降H的时间是t_i,以数据点$(1/D_i, t_i)$ $(i=1, 2, 3, \cdots, n)$作最小二乘拟合,得到直线的截距,从而求得t_0,再代入(2.5.4)式,求得黏滞系数。或者从$1/D - t$曲线算得液体无限广延时的t_0,代入(2.5.4)式,算出油的黏滞系数。

【思考题】

(1) 容器内径大小对小球黏滞阻力的影响如何?
(2) 如何获得无限广延液体中的小球的下降速度?
(3) 从理论上讲,小球可否作匀速运动?

2.6 液体表面张力系数的测定

液体表面张力的测量在工业和日常生活中有很多应用价值,如工业技术中的浮选技术、液体输送技术、电镀技术、铸造成型等方面都涉及液体表面张力的研究和应用。在石油工业中,表面张力也是研究油气渗流特性和石油加工工艺计算的重要参数之一。液体的表面张力与液体的温度和浓度等有关,在液体中加入表面活性剂也可以改变液体的表面张力。

【实验目的】

(1) 了解硅压阻式力敏传感器的测量原理以及用传感器将非电学量转化为电学量的方法,并计算该传感器的灵敏度。

(2) 理解液体表面张力的基本概念，掌握拉脱法测量液体表面张力系数的原理和方法。

(3) 学会逐差法、作图法等数据处理方法。

【实验原理】

1. 液体表面张力

液体表面由于表层内分子力的作用，存在着一定张力，称为表面张力，正是这种表面张力的存在使液体的表面犹如张紧的弹性膜，有收缩的趋势。如图 2.6.1 所示，设想在液面上有一条直线，表面张力就表现为直线两旁的液面以一定的拉力 f 相互作用。

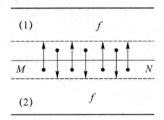

图 2.6.1 液体表面张力示意图

f 存在于表面层，方向恒与直线垂直，大小与直线的长度 L 成正比，即：

$$f = \alpha L \tag{2.6.1}$$

式中，α 称为表面张力系数，单位为 N/m。它的大小与液体的成分、纯度以及温度有关。

2. 拉脱法测量液体表面张力系数

测量一个已知长度的金属片从待测液体表面脱离时需要的力，从而求得表面张力系数的实验方法称为拉脱法。

若金属片为环状时，考虑一级近似，可以认为脱离力为表面张力系数乘以脱离表面的周长。即：

$$f = \alpha \cdot \pi (D_1 + D_2) \tag{2.6.2}$$

得表面张力系数：

$$\alpha = \frac{f}{\pi(D_1 + D_2)} \tag{2.6.3}$$

式中，f 为拉脱力，D_1、D_2 分别为圆环的外径和内径。

3. 力敏传感器测量拉力原理

硅压阻力敏传感器由弹性梁和贴在梁上的传感器芯片组成，其中芯片由 4 个硅扩散电阻集成一个非平衡电桥。当外界压力作用于金属梁时，电桥失去平衡，产生输出信号，输出电压与所加外力成线性关系，即：

$$U = K \cdot F \tag{2.6.4}$$

式中，K 为力敏传感器的灵敏度，单位为 mV/N，其大小与输入的工作电压有关；F 为所加的外力；U 为输出的电压。

【实验装置】

表面张力系数测定仪，如图 2.6.2 所示，包括硅扩散电阻非平衡电桥的电源和测量电桥失去平衡时输出电压大小的数字电压表、铁架台、微调升降台、装有力敏传感器的固定杆、盛液体的玻璃器皿一套、铝合金圆形吊环一个、500 mg 砝码七只(定标用)，其他仪器包括游标卡尺和镊子(取砝码、砝码盘和挂吊环用)各一把，待测液体等。

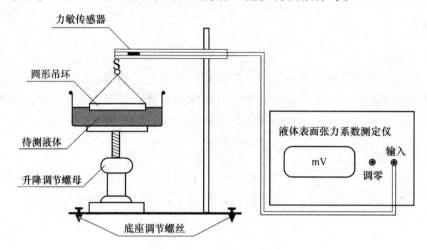

图 2.6.2　FD－NST－I 液体表面系数张力测定仪

【实验内容】

1. 力敏传感器的定标

(1) 接通电源，将仪器预热 15 分钟；

(2) 在传感器横梁端的小钩上挂上砝码盘，调节调零旋钮使数字电压表示数为零；

(3) 在砝码盘中分别加入等质量 m_i(每个砝码 500 mg)的砝码，记录对应质量下的电压表读数 U_i，填入表 2.6.1；

(4) 用作图法(或其他双变量数据处理方法)作直线拟合，求出传感器灵敏度 K；

2. 测量液体表面张力系数

(1) 用游标卡尺测量金属环的外径 D_1、内径 D_2，填入表 2.6.2。

(2) 将金属环吊片在 NaOH 溶液中浸泡 20～30 s，然后用清水洗净(因为环表面状况与测量结果有很大关系)。

(3) 将金属环吊片挂在传感器的小钩上，调节升降台将液体升至靠近金属环下沿，观察金属环下沿与待测液面是否平行。如果不平行，将金属环取下，调节环片上的细丝，使之与液面平行。

(4) 调节玻璃皿下的升降台，使环片下沿全部浸入待测液体中，然后反向匀速下降升降台，使金属环片与液面间形成一个环状液膜。继续下降液面，观察电压表读数，测量出液膜拉断前后瞬间电压值 U_1、U_2 记录在表 2.6.3 中。

(5) 重复测量 U_1、U_2 各 8 次。

(6) 将数据代入液体表面张力系数公式，求出待测液体在某温度下的表面张力系数，并对结果做出评价。

(7) 整理仪器。

【实验数据】

表 2.6.1　测量校准曲线数据记录表

次数	1	2	3	4	5	6	7
m_i/mg	500	1 000	1 500	2 000	2 500	3 000	3 500
U_i/mV							

表 2.6.2　金属环的外径 D_1 和内径 D_2

次数	1	2	3	4	5
D_1/m					
D_2/m					

表 2.6.3　液体(纯水)表面张力系数测量

次数	1	2	3	4	5	6	7	8
U_1/mV								
U_2/mV								
ΔU/mV								
温度					标准值			

【数据处理】

（1）绘制校准曲线，以 U 为纵坐标、所加砝码重力 $F = mg$ 为横坐标作出校准曲线。

（2）通过作图法或最小二乘法求出定标校准关系式，即 $U = KF$。

（3）计算液体表面张力系数。$\overline{\alpha} = \dfrac{\overline{\Delta U}}{K \cdot \pi(\overline{D_1} + \overline{D_2})}$

【思考题】

（1）实验前为什么要对力敏传感器定标？

（2）定标后能否再调节调零旋钮？

（3）实验前为什么要对金属环进行清洁？

第3章 电磁学实验

3.1 电压补偿及电流补偿实验

电位差计是利用补偿原理和比较法精确测量直流电位差或电源电动势的常用仪器，它准确度高、使用方便，测量结果稳定可靠，还常被用来精确地间接测量电流、电阻和校正各种精密电表。在现代工程技术中电子电位差计还广泛用于各种自动检测和自动控制系统。它的原理是使被测电压和一已知电压相互补偿（即达到平衡），其准确度高达 0.001%。

【实验目的】

（1）掌握补偿法测电动势的基本原理。
（2）用 UJ-31 型低电势电位差计校准电流表。

【实验原理】

1. 补偿原理

图 3.1.1 中用已知可调的电信号 E_0 去抵消未知被测电信号 E_x。当完全抵消时（检流计 G 指零），可知信号 E_0 的大小就是被测信号 E_x 的大小，此方法为补偿法，其中可知信号为补偿信号。

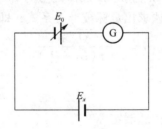

图 3.1.1 补偿原理

2. 电位差计的原理

图 3.1.2 是 UJ-31 型电位差计的原理简图。UJ-31 型电位差计是一种测量直流低电位差的仪器，量程分为 17 mV（最小分度 1 μV，倍率开关 K_1 旋至 ×1）和 170 mV（最小分度 10 μV，倍率开关旋到 ×10）两挡。该电路共有 3 个回路组成：①工作回路，②校准回路，③测量回路。

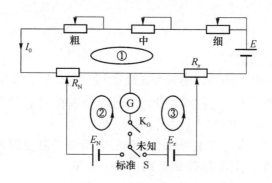

图 3.1.2　电位差计原理图

（1）校准：为了得到一个已知的标准工作电流 $I_0 = 10$ mA。将开关 S 合向"标准"处，E_N 为标准电动势 1.018 6 V，取 $R_N = 101.86$ Ω，调节"粗""中""细"三个电阻大小使检流计 G 指零，显然：

$$I_0 = \frac{E_N}{R_N} = 10 \text{ mA} \tag{3.1.1}$$

（2）测量：将开关 S 合向"未知"处，E_x 是未知待测电动势。保持 $I_0 = 10$ mA，调节 R_x 使检流计 G 指零，则有：

$$E_x = I_0 R_x \tag{3.1.2}$$

$I_0 R_x$ 是测量回路中一段电阻上的分压，称为补偿电压。

被测电压 E_x 与补偿电压极性相反、大小相等，因而相互补偿（平衡）。这种测量未知电压的方式叫补偿法。补偿法具有以下优点：

① 电位差计是一电阻分压装置，它将被测电压 U_x 和一标准电动势接近于直接加以并列比较。U_x 的值仅取决于电阻比及标准电动势，因而能够达到较高的测量准确度。

② 上述校准和测量两步骤中，检流计两次均指零，表明测量时既不从标准回路内的标准电动势源（通常用标准电池）中也不从测量回路中吸取电流。因此，不改变被测回路的原有状态及电压等参量，同时可避免测量回路导线电阻，标准电阻的内阻及被测回路等效内阻等对测量准确度的影响，这是补偿法测量准确度较高的另一个原因。

3．电流表的校准

所谓校准是使被校电流表与标准电流表同时测量一定的电流，看其指示值与相应的标准值（从标准电表读出）相符的程度。校准的结果得到电表各个刻度的绝对误差。选取其中最大的绝对误差除以量程，即得该电表的标称误差，即：

$$标称误差 = \frac{最大绝对误差}{量程} \times 100\% \tag{3.1.3}$$

根据标称误差的大小，将电表分为不同的等级，常记为 K。例如，若 0.5% < 标称误差 ≤ 1.0%，则该电表的等级为 1.0 级。

【实验装置】

UJ-31 型电位差计、毫安表、平衡指示仪（检流计）、直流稳压电源、滑线变阻器、标准电阻、干电池、导线、开关等。

【实验内容】

1. 测干电池的电动势 E_x

在电位差计使用前首先将测量转换开关 S 放在"断"的位置，检流计开关 K_G 放在"断"的位置，然后按面板示意图 3.1.3 之接线端钮的极性，分别在"标准"上 接标准电势、"电计"上接检流计、在"未知1"或"未知2"上接待测干电池。

在调节工作电流之前，应先考虑到标准电池的电动势受温度的影响，在 t℃时标准电池的电动势 E_N 可按下式计算，计算结果化整到 0.000 05 V。

$$E_N = E_{20} - 0.000\,040\,6(t-20) - 0.000\,000\,95(t-20)^2 \quad (3.1.4)$$

式中，E_N 为 t℃时标准电势的电动势，E_{20} 取 1.018 60 V，t 为温度。

计算后，将补偿盘旋至与 E_N 相同数值的位置上。将测量转换开关 S 指在"标准"位置，检流计开关 K_G 指在"粗"挡，将检流计开关 K_G 指到"中"和"细"，调节工作电流，使检流计再次指零，此时工作电流已校准。随即将检流计开关 K_G 放在"断"的位置，然后将测量转换开关 S 转至"未知1"或"未知2"的位置，即可进行测量待测电动势 E_x。先置测量回路的五个旋钮，使其示值为被测电动势的估计值，接通检流计，将检流计开关 K_G 顺势放在"粗""中""细"中逐次测量，以免过量电流冲击检流计而损坏，再仔细调整。当测量值与被测电动势平衡时，则检流计中无电流流过，即指零位。此时，旋钮上指示的数字，即是待测电动势 E_x 的准确数值。

测定灵敏度 S，记录 $\Delta n = 5 \sim 10$ 格时的 ΔU 值。

在测量过程中，应经常注意校对工作电流，在校对工作电流时，测量转换开关 S 应指在"标准"位置。

2. 测量电阻 R_x

测量电阻时，可按图 3.1.3 的线路接线。为了减少测量误差，所选用标准电阻 R_N 的数值，应尽可能接近被测电阻 R_x 的数值，利用变阻器 R_P 调节被测电路中的电流，使其小于电阻的额定负荷，利用测量转换开关 S 的变换，分别测得标准电阻 R_N 上的电压降 U_N 和被测电阻上的电压降 U_x，按下列公式计算得：

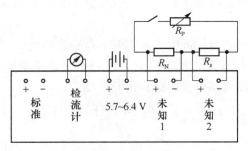

图 3.1.3 测量线路

$$R_x = \frac{U_x}{U_N} R_N \quad (3.1.5)$$

由于电阻测量采用两个电压降之比，因此，只要在电位差计工作电流不变的情况下，可以不必用标准电池来校准电位差计的工作电流。在测量时，测量转换开关 S 从"未知1"转换到"未知2"时检流计开关 K_G 应放在"断"的位置，防止检流计受到冲击。

【思考题】

（1）补偿法原理具有什么优点？
（2）标准电动势的使用需注意些什么？
（3）在校准和测量时，两次补偿需要满足什么条件？
（4）实验中，若发现检流计总是偏向一边，无法调平衡，试分析可能的原因有哪些。

3.2 惠斯通电桥测电阻

在电学中，惠斯通电桥是一种较为典型的电路。采用惠斯通电桥对中值电阻（$1\sim 10^6\ \Omega$）进行测量，不仅克服了伏安法测电阻时由于电表内阻带来不可克服的系统误差的弊端，而且当电源电压波动时对测量结果的影响较小，具有较高的测量精确度。如果将光敏电阻、热敏电阻、应变电阻等与电桥配合使用，可以测量与光、热、力等有关的许多物理量，因此，电桥常被应用到近代工业生产的自动控制中。

【实验目的】

（1）掌握惠斯通电桥的测量原理。
（2）学会用惠斯通电桥测量未知电阻。
（3）掌握间接测量的数据处理方法。

【实验原理】

如图 3.2.1 所示，由已知电阻 R_1、R_2、R_s 和待测电阻 R_x 连接成一个四边形回路，电源 E 在对角线 AC 上，检流计 G 接在 BD 上。接入检流计的对角线 BD 称作桥，四个电阻称作桥臂（R_1、R_2 称作比率臂；R_s 称作比较臂；R_x 称作测量臂）。

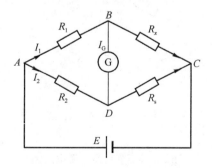

图 3.2.1 惠斯通电桥原理图

一般情况下，接通电源后，检流计上有电流通过，其指针发生偏转。若适当调节 R_1、R_2、R_s 的阻值，能使 B、D 两点电势相等，流过检流计的电流恰好为零，此时电桥达到平衡。由 $U_{BD}=0$ 有：

$$\begin{cases} I_1 R_1 = I_2 R_2 \\ I_1 R_x = I_2 R_s \end{cases} \tag{3.2.1}$$

化简得：
$$\frac{R_1}{R_2} = \frac{R_x}{R_s}$$

或
$$R_x = \frac{R_1}{R_2} R_s \quad (3.2.2)$$

令 $C = \frac{R_1}{R_2}$（倍率），则：$R_x = CR_s$。

待测电阻 R_x 测量值准确与否（即误差大小）不但与 R_1、R_2、R_s 的误差大小有关，而且与检流计的灵敏度及人眼观察分辨检流计指针对零的准确程度有关，即电桥灵敏度。

由于检流计的灵敏度是有限的，因此电桥平衡时（根据检流计的指针偏转来判断），检流计中的电流不可能绝对为零，只不过 I_G 小到不能使检流计的指针发生偏转而已。为此引入电桥灵敏度概念，描述由检流计灵敏度不够给测量结果带来的误差。

定义：在电桥平衡时，将比较臂电阻 R_s 变动一个微小的量 ΔR_s，引起检流计指针偏转 Δn 格，则：

$$S = \Delta n \Big/ \left(\frac{\Delta R_s}{R_s}\right) \text{（格）} \quad (3.2.3)$$

S 越大，由电桥灵敏度带来的误差越小。

【实验装置】

直流稳压电源、滑线变阻器、AC5/2 型检流计、电阻箱、保护电阻、单刀开关、待测电阻、导线等。

【实验内容】

实验电路如图 3.2.2 所示，选用两种倍率对未知电阻进行测量，分析灵敏度变化情况。

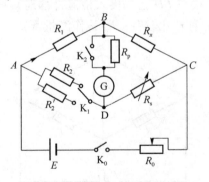

图 3.2.2　惠斯通电桥电路图

【实验数据】

将实验数据填入表 3.2.1。

表 3.2.1 惠斯通电桥测量电阻实验数据表

参考值/Ω	倍率 C	R_s/Ω	Δn/格	ΔR_s/Ω	S/格	R_1/Ω	R_2/Ω	实测值 R_x/Ω
	1/10							
	1/100							

【数据处理】

本次实验为单次测量，结果的不确定度中的 A 类不确定度为 0，在计算中只考虑 B 类不确定度即可。

由式(3.2.2)，根据不确定度传递公式(式 1.7.4)可得：

$$E = \frac{u_c}{R_x} = \sqrt{\left(\frac{u_{R_1}}{R_1}\right)^2 + \left(\frac{u_{R_2}}{R_2}\right)^2 + \left(\frac{u_{R_s}}{R_s}\right)^2 + \left(\frac{0.2}{S\sqrt{3}}\right)^2}$$

式中，u_R 表示每个电阻的不确定度，$u_R = \frac{a\% \cdot R}{\sqrt{3}}$（$a$ 表示所用电阻级别，如：$a=0.1$）；0.2 表示人眼睛区分检流计表盘分度值误差限。根据间接测量的数据处理方法的步骤，可以求出待测电阻的不确定度 u_c 并给出 $\bar{R}_x$ 的结果。

$$R_x = \bar{R}_x \pm u_c$$

【思考题】

(1) 根据实验结果比较，你认为如何提高惠斯通电桥的灵敏度？
(2) 查阅资料，总结惠斯通电桥有哪些应用？

3.3 用双臂电桥测金属的电阻率

用单臂电桥测量电阻时，其所测电阻值一般可以达到四位有效数字，最高阻值可测到 10^6 Ω，最低阻值为 1 Ω。当被测电阻的阻值低于 1 Ω 时（称为低值电阻），单臂电桥测量到的电阻的有效数字将减小，另外其测量误差也显著增大，究其原因是由于被测电阻接入测量线路中，连接用的导线本身具有电阻（称为接线电阻），被测电阻与导线的接头处亦有附加电阻（称为接触电阻）。接线电阻和接触电阻的阻值约为 $10^{-2} \sim 10^{-5}$ Ω。接触电阻虽然可以用清洁接触点等措施使之减小，但终究不可能完全清除。当被测电阻仅为 $10^{-3} \sim 10^{-6}$ Ω 时，其接线电阻及接触电阻都已超过或远超过被测电阻的阻值，这样就会造成很大误差，甚至完全无法得出测量结果。所以，用单臂电桥来测量低值电阻是不可能精确的，必须在测量线路上采取措施，避免接线电阻和接触电阻对低值电阻测量的影响。

【实验目的】

(1) 理解双臂电桥操作的步骤。
(2) 学会千分尺的使用方法。
(3) 学会间接测量数据处理的方法。

【实验原理】

双臂电桥电路简图如图3.3.1所示。在使用双臂电桥时，调节电阻 R_1、R_2、R_3、R_4 和 R_b 的值，使检流计中没有电流通过（即 $I_G = 0$），则 F、C 两点电势相等。于是通过 R_1、R_2 的电流均为 I_1，通过 R_3、R_4 的电流均为 I_2，通过 R_x、R_b 的电流为 I_3，通过 r 的电流为 $I_3 - I_2$。

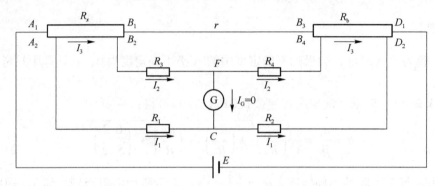

图3.3.1　双臂电桥电路简图

根据欧姆定律可得：

$$I_3 R_x + I_2 R_3 = I_1 R_1 \tag{3.3.1}$$

$$I_2 R_4 + I_3 R_b = I_1 R_2 \tag{3.3.2}$$

$$I_2 (R_3 + R_4) = (I_3 - I_2) r \tag{3.3.3}$$

把(3.3.1)式~(3.3.3)式联立，并消去 I_1、I_2 和 I_3 可得：

$$R_x = \frac{R_1}{R_2} R_b + \frac{R_4 r}{R_4 + R_3 + r} \left(\frac{R_1}{R_2} - \frac{R_3}{R_4} \right) \tag{3.3.4}$$

式(3.3.4)就是**双臂电桥的平衡条件**，可见 r 对测量结果是有影响的。为了使被测电阻 R_x 的值便于计算及消除 r 对测量结果的影响，可以设法使第二项为零。通常把双臂电桥做成一种特殊的结构，使得在调整平衡时 R_1、R_2、R_3 和 R_4 同时改变，而始终保持成比例。即：

$$\frac{R_1}{R_2} = \frac{R_3}{R_4} \tag{3.3.5}$$

在此情况下，不管 r 多大，第二项总为零。于是平衡条件简化为：

$$R_x = \frac{R_1}{R_2} R_b \tag{3.3.6}$$

从上面的推导看出，双臂电桥的平衡条件和单臂电桥的平衡条件形式上一致，而电阻 r 根本不出现在平衡条件中，因此 r 的大小并不影响测量结果，这是双臂电桥的特点。正因为这样它可以用来测量低值电阻。

由电阻率公式：

$$\rho = R \frac{S}{l} = R \frac{\pi d^2}{4l} \tag{3.3.7}$$

式中，ρ 为低值电阻的电阻率；d 为低值电阻的直径；l 为中间两个接线柱间的低值电阻的长度。将测得的 R、d、l 的值代入，计算导体的电阻率。

【实验装置】

QJ44 型便携式直流双臂电桥、待测电阻(铜棒、康铜丝)、千分尺。

读出图 3.3.2 中千分尺的示数。

由图 3.3.2 可知,固定刻度所显示的刻度数为 2 mm,可动刻度所示的刻度在 13 ~ 14 格之间,这里我们估读为 13.6,所以物体长为 2 mm + 13.6 × 0.01 mm = 2.136 mm。

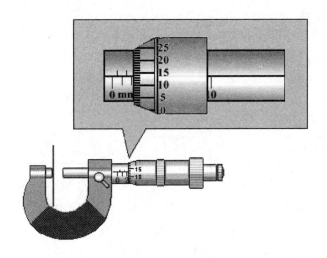

图 3.3.2　千分尺

【实验数据】

将测量的实验数据填入表 3.3.1 和表 3.3.2。

铜棒长度 = _____ mm,康铜丝长度 = _____ mm

表 3.3.1　铜棒和康铜丝的直径

项目	1	2	3	4	5	6	平均
铜棒直径/mm							
康铜丝直径/mm							

表 3.3.2　直流双臂电桥测得的电阻值

项目	粗调盘电阻/Ω	细调盘电阻/Ω	倍率	电阻/Ω
铜棒				
康铜丝				

【数据处理】

$$u_c(R) = \sqrt{u_A^2(R) + u_B^2(R)} = \frac{\Delta_{仪}}{\sqrt{3}} = \frac{0.00005}{\sqrt{3}} = \underline{\qquad}(\Omega);$$

$$u_c(l) = \sqrt{u_A^2(l) + u_B^2(l)} = \frac{\Delta_{仪}}{\sqrt{3}} = \frac{0.2}{\sqrt{3}} = \underline{\qquad}(\text{mm});$$

$$\bar{d} = \frac{1}{n}\sum_1^n d_i = \underline{\qquad} = \underline{\qquad}(\text{mm});$$

$$u_A(d) = S(\bar{d}) = \sqrt{\frac{\sum_1^n(d_i - \bar{d})^2}{n(n-1)}} = \underline{\qquad} = \underline{\qquad}(\text{mm});$$

$$u_B(d) = \frac{\Delta_{仪}}{\sqrt{3}} = \frac{0.004}{\sqrt{3}} = \underline{\qquad}(\text{mm});$$

$$u_c(d) = \sqrt{u_A^2(d) + u_B^2(d)} = \underline{\qquad} = \underline{\qquad}\text{mm};$$

$$\bar{\rho} = R\frac{\pi \bar{d}^2}{4l} = \underline{\qquad} = \underline{\qquad}(\Omega \cdot \text{m});$$

相对合成标准不确定度:

$$E_r = \frac{u_c(\rho)}{\bar{\rho}} = \sqrt{\left(\frac{u_c(R)}{R}\right)^2 + \left(\frac{u_c(l)}{l}\right)^2 + \left(\frac{u_c(d)}{\bar{d}}\right)^2} = \underline{\qquad} = \underline{\qquad}\%;$$

相对扩展不确定度:

$$E = 2E_r = \underline{\qquad}\%;$$

结果表达式为:

$$\rho = \bar{\rho}(1 \pm E) = \underline{\qquad} = \underline{\qquad}(\Omega \cdot \text{m}); \quad k = 2。$$

【思考题】

（1）双臂电桥与惠斯通电桥有哪些异同？
（2）双臂电桥怎么消除附加电阻的影响？
（3）如何提高测量金属丝电阻率的准确度？
（4）为了减小电阻率 ρ 的测量误差，在 R_x、d 和 l 三个直接测量量中，应特别注意哪个物理量的测量？为什么？
（5）如果低电阻的电流接头和电压接头互相接错，这样做有什么问题？

3.4 示波器的调节与使用

示波器有许多种类，按其显示波形的原理来划分可以分为三类，一类是电磁式示波器，它的特点是可以把电信号转变成光信号储存在感光胶片上，但是由于它是以实物振子为媒介来显示波形，而振子的惯性比较大，因此只能够测量低频信号；另一类是电子示波器，也叫阴极射线示波器，是以电子束打在荧屏上来显示电信号，由于电子的质量很轻，惯性小，因此可以测量高频信号，但通常不能存储信号；还有一类是数字示波器，用计算机进行信号处理，并通过 LED 显示屏来显示波形，可存储信号。电子示波器应用更普遍一些，如果没有特殊说明通常所说的示波器都是指电子示波器。

示波器能够测量的最基本的量是电压和时间，因此一切能够转变成电压和时间的电学量如电流、电阻、频率、相位差等以及可以转变为电压和时间的非电学量如温度、压力、密度、距离、声、光、冲击等也都可以用它来检测。

【实验目的】

（1）了解示波器的基本结构和工作原理；
（2）学会示波器的调节和使用方法；
（3）初步掌握用示波器观察信号波形，测量信号的电压和频率。

【实验原理】

1. 示波器的基本结构

电子示波器的种类繁多，但主要的结构相近，如图 3.4.1 所示。一般要检测的信号由 Y 输入端口接入，经过放大或衰减后加到 Y 偏转板上。加到 X 偏转板的信号也可由 X 输入端口接入，但它还有另一种选择，即将扫描发生器产生的扫描信号（锯齿波）加到 X 偏转板，这个锯齿波是表示时间的电信号。为了使扫描信号与加到 Y 偏转板的待测电信号同步（只有同步波形才稳定），示波器还要有触发同步装置。

（1）示波管。

示波器的最核心部件是示波管，如图 3.4.2 所示。它是一个内部抽高真空略呈喇叭形的玻璃管，因为电子要在其间高速运行，因此必须是高真空。它的内部还有许多电学部件，可以分为电子枪、偏转系统和荧光屏，我们从示波器的箱体外部只能看到荧光屏部分。

（2）电子枪。

电子枪产生一束强度可以被控制的高速前进的电子束，它由灯丝 F、阴极 K、控制栅极 G、第一阳极 A_1、第二阳极 A_2 组成。灯丝 F 是对阴极 K 加热用的，阴极被加热后将在其表面产生热电子，受到前端高电位的阳极板的吸引，热电子将向前端加速运动。栅极 G 的电位要比 K 的电位低，因此改变栅极的电位，可以改变通过栅极的电子数目，也就改变到达荧光屏上的电子数目。由于荧光屏上可见光的亮度与单位时间内到达荧光屏上的电子数目有关，因此控制栅极 G 电位，就可以控制荧光屏上图像的亮度。

第一阳极 A_1 相对阴极有几百伏的正电压，在第二阳极 A_2 上有一个比第一阳极更高的正电压，电子被它们之间的电场加速形成射线，当它们之间的电位调节合适时，它们之间的电场对电子射线有聚焦作用。使电子束恰好聚焦到荧光屏上。此时屏上的光点最小，波形线条细锐清晰。

（3）偏转系统。

偏转系统是由两对相互垂直的金属电极板 X 和 Y 组成，当在 X 偏转板加上电压时，会使通过其间的电子束在水平方向上产生一个偏转。亦即可以使荧光屏上的光点在水平方向上发生移动，可以证明水平方向位移的大小与加在 X 偏转板的电压大小成正比。当在 Y 偏转板加上电压时，会使通过其间的电子束在竖直方向产生偏转。亦即可以使荧光屏上的光点在竖直方向上发生移动，可以证明位移的大小与加在 Y 偏转板的电压大小成正比。如果两对偏转板都加上电压，则光点在两者的共同控制下，将在荧光屏平面形成二维图形。

（4）荧光屏。

示波管前方内部涂有荧光物质，当电子束冲击时，荧光物质会发出可见光，从而显示出电子束的位置。当电子束停止作用后，荧光剂的发光需经一定时间才会停止，称为余晖效应。

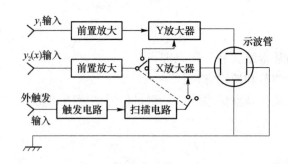

图 3.4.1 示波器的基本结构

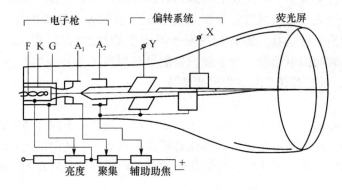

图 3.4.2 示波管的构造图

2. 示波器显示波形的原理

如果只在 Y 偏转板加上一个正弦电压,则电子束在荧屏上产生的亮点将在竖直方向作简谐振动,如果电压频率较高,则看到的是一条竖直亮线,而不可能看到电压随时间变化的波形。要想看到波形,必须将光点的振动沿水平方向展开,这就需要在 X 偏转板上加上随时间线性变化的电压,而且这个电压也应该是周期信号,这实际上就是一个锯齿波电压。如果只有锯齿波电压加在 X 偏转板上,而频率又足够高,荧光屏上只是显示一条水平亮线。当在 Y 偏转板加上正弦电压,同时在 X 偏转板加锯齿波电压,则电子受竖直和水平两个方向力的作用,电子的运动是两个互相垂直运动的合成。当锯齿波电压的周期是正弦波电压周期的整数倍时,在荧光屏上将显示出一个稳定的正弦电压波形图。

图 3.4.3 表示了正弦波信号电压的显示过程。加在 Y 偏转板上的信号是正弦电压,X 偏转板加的是锯齿波电压,且 $T_x = 2T_y$,则在 t_0 时刻,$U_x = U_y = 0$,光点在荧光屏上 O 点(也称起扫点);在 $t_0 \sim t_1$ 期间,U_x 由 U_{x_0} 上升到 U_{x_1},光点沿水平方向运动到 x_1 点;同时,U_y 随时间变化到 U_{ym},使光点沿 y 方向运动到 y_m,二者合成运动到 1 点,同理,在 t_1—t_2—$\cdots$—t_8 期间,荧光屏上的光点将顺序运动到 2,3,$\cdots$,8 点。在 t_8 时刻,U_x 由 U_{x_8} 突变为 U_{x_0} 而 U_y 不变,则光点由点 8 跳回到原起扫点 O(光点这样一个往复运动过程就称为一次扫描),从 t_8 时刻开始,U_y 继续按其原规律变化,而 U_x 重新由 U_{x_0} 上升到 U_{x_1},U_{x_2},$\cdots$,U_{x_8},反映到荧光屏上就是光点又重复上一次的扫描。

当锯齿波周期是被测量信号周期的整数倍时,荧光屏上将呈现整数个完整而稳定的被测信号波形,当两者不呈整数倍时,对于被测信号来说,每次扫描的起点都不相同,结果造成波形在水平方向上不断地移动。为了消除这一现象,必须使被测信号的起点与扫描电压的起点保持同步,这一功能由"触发同步"电路来完成。

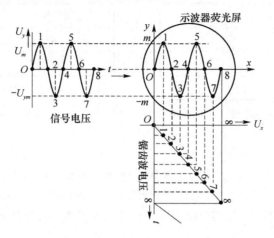

图 3.4.3 示波器的成像过程

3. 利用利萨如图形求未知频率

在 X 偏转板和 Y 偏转板同时输入正弦电信号,如果它们的频率很随意,没有人为设计,这时荧屏上通常会出现混乱的图线,但如果调解它们的频率,使它们成一个简单整数比,则这时在荧屏上会出现一个相对稳定的封闭的图形,称为利萨如图,图 3.4.4 是七种典型的利萨如图。当出现利萨如图时有这样的比例关系:$\dfrac{f_x}{f_y} = \dfrac{N_y}{N_x}$,其中 N_x 和 N_y 分别是利萨如图与 X 轴和 Y 轴平行线的切点个数。当一个正弦信号频率为已知时,利用利萨如图可以求未知正弦信号的频率。

$f_y : f_x$	1:1	1:2	1:3	2:3	3:2	3:4	2:1
利萨如图形	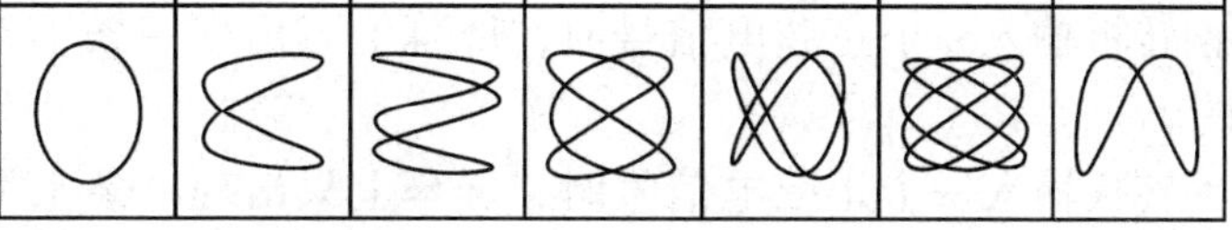 ○	⋈	⋙	⊗	⋈	⋈	⋂

图 3.4.4 几种典型的利萨如图

【实验装置】

本实验的主要仪器是 MOS—620CH 型双踪示波器,与之配套的还有 AFG2125 型函数信号发生器,它们的使用方法请自行查阅相关资料。

【实验数据】

(1) 从一通道或二通道输入一正弦电信号,调节相关旋钮(如扫描、灵敏度和电平调节旋钮等)在屏幕上得到稳定的波形,画出波形图,记录下波峰到波谷的距离 a,以及两个波峰间的距离 a'(以大格为单位),再记录下灵敏度 b 和扫描旋钮的挡位值 b',从而计算出相应波形的峰值电压 U_m 和周期 T。将数据填入表 3.4.1 和表 3.4.2。

表 3.4.1　测量正弦电信号电压

a/div	
b/(V/div)	
U_{p-p}/V	
U_m/V	

注：V/div 是示波器的时基单位，就是示波器上每格表示的幅值。

表 3.4.2　测量正弦电信号周期

a'/div	
b'/(ms/div)	
T/ms	

注：ms/div 是扫描速度单位，表示扫描一格所需时间。

（2）将扫描旋钮打在 XY 挡，分别在 X 偏转板和 Y 偏转板输入正弦电信号，固定 X 偏转板电信号的频率为 200 Hz，调节 Y 偏转板电信号的频率，分别得到 5 种典型的利萨如图形，计算出 Y 偏转板电信号的频率 f_y，将实验结果填入表 3.4.3（f'_y 为信号发生器读出的频率）。

表 3.4.3　用利萨如图测频率

N_x/N_y	1/2	2/3	1/1	3/2	2/1
图形					
f_x/Hz					
f_y/Hz					
f'_y/Hz					

【思考题】

（1）当打开示波器后，屏幕上什么也看不到，应该检查哪些旋钮。

（2）当 Y 偏转板输入一个正弦电信号时，屏幕上只出现一条不动的垂直亮线，可能是什么原因造成的。

（3）当 Y 偏转板输入一个正弦电信号时，屏幕上只出现一条水平的亮线，可能是什么原因造成的。

（4）当屏幕上显示波形缓慢移动时，应该调节哪些旋钮使其稳定。

3.5　用示波器测动态磁滞回线

磁性材料应用广泛，从常用的永久磁铁、变压器铁芯到录音、录像、计算机存储的磁盘等都采用磁性材料。磁滞回线和基本磁化曲线反映了磁性材料的主要特征。通过实验不仅能掌握用示波器观察磁滞回线，以及基本磁化曲线的基本测量方法，而且能从理论和实际应用上加深对铁磁材料的认识。

铁磁材料分为硬磁和软磁两大类，其根本区别在于矫顽磁力 H_C 的大小不同。硬磁材料的磁滞回线宽，剩磁和矫顽力大（达到 120~20 000 A/m 以上），因而磁化后，其磁性可长久保持，适宜做永久磁铁。软磁材料的磁滞回线窄，矫顽力 H_C 一般小于 120 A/m，但其磁导率和饱和磁感应强度大，容易磁化和去磁，故广泛用于电机、电器和仪表制造等工业部门。磁化曲线和磁滞回线是铁磁材料的重要特性，是设计电磁机构和仪表的重要依据之一。

磁学量的测量一般比较困难，通常利用相应的物理规律，将磁学量转换为易于测量的电学量。这种转换测量法是物理实验中常用的基本测量方法。测绘磁化曲线和磁滞回线常用冲击电流计法和示波器法，是磁测量的基本方法。第一种方法准确度较高，但较复杂；后一种方法虽准确度低，但却具有直观、方便迅速以及能在脉冲磁化下测量的优点。本实验采用示波器法。

【实验目的】

（1）了解铁磁质在磁场中磁化的原理及其磁化规律。
（2）学习使用双踪示波器测绘基本磁化曲线和磁滞回线。
（3）测定样品的磁滞回线，确定矫顽力，剩磁感应强度，最大磁感应强度等参数。

【实验原理】

1. 磁化曲线

如果在由电流产生的磁场中放入铁磁物质，则磁场将明显增强，此时铁磁物质中的磁感应强度比没放入铁磁物质时电流产生的磁感应强度增大百倍，甚至在千倍以上。铁磁物质内部的磁场强度 H 与磁感应强度 B 有如下的关系：

$$B = \mu H$$

对于铁磁物质而言，磁导率 μ 并非常数，而是随 H 的变化而变化的物理量，即 $\mu = f(H)$，为非线性函数。所以 B 与 H 也是非线性关系，如图 3.5.1 所示：

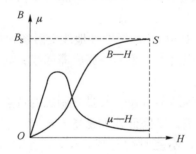

图 3.5.1 磁化曲线和 $\mu - H$ 曲线

铁磁材料的磁化过程为：其未被磁化时的状态称为去磁状态，这时若在铁磁材料上加一由小到大变化的磁化场，则铁磁材料内部的磁场强度 H 与磁感应强度 B 也随之变大。但当 H 增加到一定值（H_S）后，B 几乎不再随着 H 的增加而增加，说明磁化达到饱和，如图 3.5.1 中的 OS 段曲线所示。从未磁化到饱和磁化的这段磁化曲线称为材料的起始磁化曲线，可以看出，铁磁材料的 B 和 H 不是直线，即铁磁材料的磁导率 $\mu = B/H$ 不是常数。

2. 磁滞回线

当铁磁材料的磁化达到饱和之后，如果将磁场减小，则铁磁材料内部的 B 和 H 也随之减小。但其减小的过程并不是沿着磁化时的 OS 段退回。显然，当磁化场撤销，$H=0$ 时，磁感应强度仍然保持一定数值 $B = B_r$，称为剩磁（剩余磁感应强度）。

若要使被磁化的铁磁材料的磁感应强度 B 减小到 0，必须加上一个反向磁场并逐步增大。当铁磁材料内部反向磁场强度增加到 $H = H_C$ 时（图 3.5.2 上的 C 点），磁感应强度 B 才为 0，达到退磁。图 3.5.2 中的 bc 段曲线为退磁曲线，H_C 为矫顽力。如图 3.5.2 所示，H

按 $O \to H_S \to O \to -H_S \to -H_C \to O \to H_C \to H_S$ 的顺序变化时，B 相应沿 $O \to B_S \to B_r \to O \to -B_S \to -B_r \to O \to B_S$ 的顺序变化。图中的 Oa 段曲线称起始磁化曲线，所形成的封闭曲线 $abcdefa$ 称为磁滞回线。

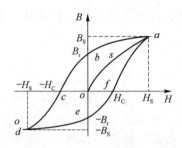

图 3.5.2　起始磁化曲线和磁滞回线

由图 3.5.2 可知：

（1）当 $H=0$ 时，$B \neq 0$，这说明铁磁材料还残留一定值的磁感应强度 B_r，通常称 B_r 为铁磁物质的剩余感应强度（剩磁）。

（2）若要使铁磁物质完全退磁，即 $B=0$ 必须加一个反向磁场 H_C。这个反向磁场强度 H_C 称为该铁磁材料的矫顽力。

（3）图中 bc 曲线段称为退磁曲线。

（4）B 的变化始终落后于 H 的变化，这种现象称为磁滞现象。

（5）H 上升与下降到同一数值时，铁磁材料内部的 B 值并不相同，即磁化过程与铁磁材料过去的磁化经历有关。

（6）当从初始状态 $H=0$，$B=0$ 开始周期性地改变磁场强度的幅值时，在磁场由弱到强单调增加过程中，可以得到面积由大到小的一簇磁滞回线，如图 3.5.3 所示。其中最大面积的磁滞回线称为极限磁滞回线。

（7）由于铁磁材料磁化过程的不可逆性及具有剩磁的特点，在测定磁化曲线和磁滞回线时，首先须将铁磁材料预先退磁，以保证外加磁场 $H=0$ 时，$B=0$；其次，磁化电流在实验过程中只允许单调增加或减少，不能时增时减。在理论上，要消除剩磁 B_r，只需改变磁化电流方向，使外加磁场正好等于铁磁材料的矫顽力即可。实际上，矫顽力的大小通常并不知道，因而无法确定退磁电流的大小。我们从磁滞回线得到启示，如果使铁磁材料磁化达到磁饱和，然后不断改变磁化电流的方向，与此同时逐渐减小磁化电流，直至为零。则该材料的磁化过程就是一连串逐渐缩小而最终趋于原点的环状曲线，如图 3.5.4 所示。

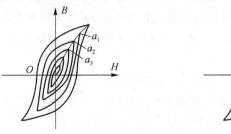

图 3.5.3　磁滞回线　　　　图 3.5.4　磁化过程曲线

实验表明，经过多次反复磁化后，$B—H$ 的量值关系形成一个稳定的闭合的磁滞回线。

通常以这条曲线来表示该材料的磁化性质。这种反复磁化的过程称为磁锻炼。本实验采用 50 Hz 的交变电流,所以每个状态都是经过充分的磁锻炼,随时可以获得磁滞回线。

我们把图 3.5.3 中原点 O 和各个磁滞回线的顶点 a_1、a_2、a_3、$\cdots$、a_n 所连成的曲线,称为铁磁材料的基本磁化曲线。不同的铁磁材料其基本磁化曲线是不同的。为了使样品的磁特性可以重复出现,也就是指所测得的基本磁化曲线都是由原始状态($H=0$,$B=0$)开始,在测量前必须进行退磁,以消除样品中的剩余磁性。

磁化曲线和磁滞回线是铁磁材料分类和选用的主要依据,其中软磁材料的磁滞回线狭长、矫顽力、剩磁和磁滞损耗均较小,是制造变压器、电机和交流磁铁的主要材料。而硬磁材料的磁滞回线较宽、矫顽力大、剩磁强,可用来制造永久磁体。

3. 示波器显示 B—H 曲线的原理和线路

示波器测量 B—H 曲线的实验线路如图 3.5.5 所示。

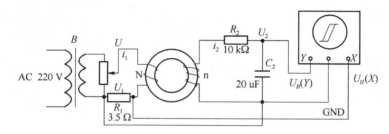

图 3.5.5　示波器测量 B—H 曲线的实验线路

本实验研究的铁磁物质为环形和 EI 型矽钢片,N 为励磁绕组,n 为用来测量磁感应强度 B 而设置的绕组。R_1 为励磁电流取样电阻,设通过 N 的交流励磁电流为 i_1,根据安培环路定律,样品的磁化场强为:

$$H = \frac{Ni_1}{L}$$

L 为样品的平均磁路长度(如图 3.5.6)。

因为 $i_1 = \dfrac{U_1}{R_1}$,所以:

$$H = \frac{Ni_1}{L} = \frac{N}{LR_1} \times U_1 \tag{3.5.1}$$

(3.5.1)式中的 N、L、R_1 均为已知常数,所以由 U_1 可确定 H。

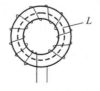

图 3.5.6　平均磁路长度

在交变磁场下,样品的磁感应强度瞬时值 B 是测量绕组 n 和 R_2C_2 电路给定的,根据法拉第电磁感应定律,由于样品中的磁通 ϕ 的变化,在测量线圈中产生的感生电动势的大小为:

$$\varepsilon_2 = n\frac{d\phi}{dt}$$

$$\phi = \frac{1}{n}\int \varepsilon_2 \, dt$$

$$B = \frac{\phi}{S} = \frac{1}{nS}\int \varepsilon_2 \, dt \tag{3.5.2}$$

S 为样品的截面积。

如果忽略自感电动势和电路损耗，则回路方程为：

$$\varepsilon_2 = i_2 R_2 + U_2$$

式中，i_2 为感生电流，U_2 为积分电容 C_2 两端电压。设在 Δt 时间内，i_2 向电容 C_2 的充电电量为 Q，则：

$$U_2 = \frac{Q}{C_2}$$

所以

$$\varepsilon_2 = i_2 R_2 + \frac{Q}{C_2}$$

如果选取足够大的 R_2 和 C_2，使 $i_2 R_2 \gg \dfrac{Q}{C_2}$ 则：

$$\varepsilon_2 = i_2 R_2$$

因为

$$i_2 = \frac{dQ}{dt} = C_2 \frac{dU_2}{dt}$$

所以

$$\varepsilon_2 = C_2 R_2 \frac{dU_2}{dt} \tag{3.5.3}$$

由式(3.5.2)、式(3.5.3)两式可得：

$$B = \frac{C_2 R_2}{nS} U_2 \tag{3.5.4}$$

上式中 C_2、R_2、n 和 S 均已知常数。所以由 U_2 可确定 B。

综上所述，将图 3.5.5 中的 $U_1(U_H)$ 和 $U_2(U_B)$ 分别加到示波器的"X 输入"和"Y 输入"便可观察样品的动态磁滞回线；接上数字电压表则可以直接测出 $U_1(U_H)$ 和 $U_2(U_B)$ 的值，即可绘制出 B—H 曲线，通过计算可测定样品的饱和磁感应强度 B_S、剩磁 B_r、矫顽力 H_C、磁滞损耗(BH)以及磁导率 μ 等参数。

【实验装置】

双踪示波器、CZY-1 型磁滞回线实验仪。

【实验内容】

(1) 电路连接：选择样品 2，按实验仪上所给的电路接线图连接好线路。开启仪器电源开关，调节励磁电压 $U=0$，U_H 和 U_B 分别接示波器的"X 输入"和"Y 输入"。

(2) 样品退磁：开启仪器电源开关，对样品进行退磁，顺时针方向转动电压 U 的调节旋钮，观察数字电压表可看到 U 从 0 逐渐增加增至最大，然后逆时针方向转动电压 U 的调节旋钮，将 U 逐渐从最大值调为 0，这样做目的是消除剩磁，确保样品处于磁中性状态，即

$B = H = 0$,如图 3.5.7 所示。

(3) 观察样品在 50 Hz 交流信号下的磁滞回线:开启示波器电源,断开时基扫描,调节示波器上"X"、"Y"位移旋钮,使光点位于坐标网格中心,调节励磁电压 U 和示波器的 X 和 Y 轴灵敏度,使显示屏上出现大小合适、美观的磁滞回线图形(若图形顶部出现编织状的小环,如图 3.5.8 所示,这时可降低 U 予以消除)。

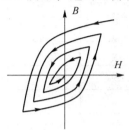

图 3.5.7　退磁示意图　　　　图 3.5.8　U_2 和 B 的相位差等因素引起的畸变

(4) 测绘基本磁化曲线,并据此描绘 $\mu-H$ 曲线:接通实验仪的电源,对样品进行退磁后,依次测定 $U = 0, 0.2, 0.4, 0.6, \cdots, 3.0$ V 时的若干组 H 和 B 值,作 $B-H$ 曲线和 $\mu-H$ 曲线。

(5) 令 $U = 3.0$ V,观测动态磁滞回线:从已标定好的示波器上读取 $U_X(U_H)$、$U_Y(U_B)$ 值(峰值),计算相应的 H 和 B,逐点描绘而成。再由磁滞回线测定样品 2 的 B_S、B_r 和 H_C 等参数。

【实验数据】

1. 作 $B-H$ 基本磁化曲线与 $\mu-H$ 曲线

选择不同的 U 值,分别记录 U_X、U_Y 并填入记录表 3.5.1。因为本实验仪的输出 $U_Y = U_B$,$U_X = U_H$,可先作出 $U_Y - U_X$ 曲线。

据公式:

$$B = \frac{C_2 R_2}{nS} U_2,\ (\text{其中 } U_2 = U_B = U_Y)$$

$$H = \frac{N i_1}{L} = \frac{N}{L R_1} U_1,\ (\text{其中 } U_1 = U_H = U_X)$$

可分别计算出 B 和 H,作出 $B-H$ 基本磁化曲线与 $\mu-H$ 曲线。

表 3.5.1　记录表一

U/V 0~6 V	X 轴格数乘灵敏度	U_X/V	Y 轴格数乘灵敏度	U_Y/mV	H/(A·m^{-1})	B/T	μ/(H·m^{-1})
0.0							
0.2							
0.4							
0.6							

续表

U/V 0~6 V	X 轴格数 乘灵敏度	U_X/V	Y 轴格数 乘灵敏度	U_Y/mV	$H/(A·m^{-1})$	B/T	$\mu/(H·m^{-1})$
0.8							
1.0							
1.2							
1.4							
1.6							
1.8							
2.0							
2.2							
2.4							
2.6							
2.8							
3.0							

2. 动态磁滞回线的描绘

在示波器荧光屏上调出美观的磁滞回线，测出磁滞回线不同点所对应的格数，然后将数据填入表3.5.2。

表3.5.2 记录表二

X/格	-3.6	-3.4	-3	-2.8	-2.6	-2.2	-2	-1.8	-1.6	-1.4	-1.2
Y_1/格											
Y_2/格											
X/格	-1	0	1	1.6	1.8	2	2.2	2.4	2.6	3	3.4
Y_1/格											
Y_2/格											

从上表中可知：

Y 最大值即 U_2（峰值），据此计算出磁性材料的饱和磁感应强度 B_S。$X=0$ 时，据 Y 方向上的格数计算出对应的剩磁 B_r。$Y=0$ 时，据 X 方向上的格数计算出 U_1（峰值）计算出矫顽力 H_C。

（1）B_S 的计算：

由公式(3.5.4)得：

$$B_S = \frac{C_2 R_2}{nS} U_2 = KU_2 = K \times Y\text{轴格数} \times \text{灵敏度} \times \frac{\sqrt{2}}{2}$$

(2) B_r 的计算：

$$B_r = \frac{C_2 R_2}{nS} U_2 (此时 U_1 = 0) = KU_2 = K \times Y 轴格数 \times 灵敏度 \times \frac{\sqrt{2}}{2}$$

(3) H_C 的计算：

由公式(3.5.1)得：

$$H_C = \frac{Ni_1}{L} = \frac{N}{LR_1} \times U_1 (此时 U_2 = 0) = K' \times U_1 = K' \times X 轴格数 \times 灵敏度 \times \frac{\sqrt{2}}{2}$$

3.6 用恒定电流场模拟静电场

带电体的周围存在静电场，场的分布是由带电体的几何形状及周围介质所决定的。由于带电体的形状复杂，大多数情况求不出电场分布的解析解，因此只能靠数值解法求出或用实验方法测出电场分布。直接用电压表法去测量静电场的电位分布往往是困难的，因为静电场中没有电流，磁电式电表不会偏转；另外由于与仪器相接的探测头本身总是导体或电介质，若将其放入静电场中，探测头上会产生感应电荷或束缚电荷。由于这些电荷又产生电场，与被测静电场迭加起来，使被测电场产生显著的畸变。因此，实验时一般采用间接的测量方法（即模拟法）来解决。

【实验目的】

（1）学会用模拟法测绘静电场。
（2）加深对电场强度和电位概念的理解。

【实验原理】

1. 用稳恒电流场模拟静电场

模拟法本质上是用一种易于实现、便于测量的物理状态或过程模拟不易实现、不便测量的物理状态或过程的方法，它要求这两种状态或过程有一一对应的两组物理量，而且这些物理量在两种状态或过程中满足数学形式基本相同的方程及边界条件。

本实验是用便于测量的稳恒电流场来模拟不便测量的静电场，这是因为这两种场可以用两组对应的物理量来描述，并且这两组物理量在一定条件下遵循着数学形式相同的物理规律。

对于静电场，电场强度 E 在无源区域内满足以下积分关系：

$$\oint_S E \cdot dS = 0 \tag{3.6.1}$$

$$\oint_l E \cdot dl = 0 \tag{3.6.2}$$

对于稳恒电流场，电流密度矢量 j 在无源区域中也满足类似的积分关系：

$$\oint_S j \cdot dS = 0 \tag{3.6.3}$$

$$\oint_l j \cdot dl = 0 \tag{3.6.4}$$

在边界条件相同时，二者的解是相同的。

当采用稳恒电流场来模拟研究静电场时,还必须注意以下使用条件。

(1) 稳恒电流场中的导电质的分布必须相应于静电场中的介质分布。具体地说,如果被模拟的是真空或空气中的静电场,则要求电流场中的导电质应是均匀分布的,即导电质中各处的电阻率 ρ 必须相等;如果被模拟的静电场中的介质不是均匀分布的,则电流场中的导电质应有相应的电阻分布。

(2) 如果产生静电场的带电体表面是等位面,则产生电流场的电极表面也应是等位面。为此,可采用良导体做成电流场的电极,而用电阻率远大于电极电阻率的不良导体(如石墨粉、自来水、导电纸或稀硫酸铜溶液等)充当导电质。

(3) 电流场中的电极形状及分布,要与静电场中的带电导体形状及分布相似。

2. 长直同轴圆柱面(图3.6.1)电极间的电场分布

设内圆柱的半径为 a,电位为 V_a,外圆环的内半径为 b,电位为 V_b,则两极间电场中距离轴心为 r 处的电位 V_r 可表示为

$$V_r = V_a - \int_a^r E\mathrm{d}r \tag{3.6.5}$$

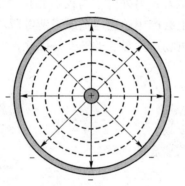

图3.6.1　长直同轴圆柱形电极的横截面图

又根据高斯定理,则圆柱内 r 点的场强(当 $a<r<b$ 时):

$$E = K/r \tag{3.6.6}$$

式中, K 由圆柱体上线电荷密度决定。将(3.6.6)代入(3.6.5)式

$$V_r = V_a - \int_a^r \frac{K}{r}\mathrm{d}r = V_a - K\ln\frac{r}{a} \tag{3.6.7}$$

在 $r=b$ 处应有:

$$V_b = V_a - K\ln\frac{b}{a}$$

所以:

$$K = \frac{V_a - V_b}{\ln\left(\dfrac{b}{a}\right)} \tag{3.6.8}$$

如果取 $V_a = V_0$, $V_b = 0$,将(3.6.8)式代入(3.6.7)式,得到:

$$V_r = V_0 \frac{\ln\left(\dfrac{b}{r}\right)}{\ln\left(\dfrac{b}{a}\right)} \tag{3.6.9}$$

上式表明，两圆柱面间的等位面是同轴的圆柱面。用模拟法可以验证这一理论计算的结果。

当电极接上交流电时，产生交流电场的瞬时值是随时间变化的，但交流电压的有效值与直流电压是等效的，所以在交流电场中用交流毫伏表测量有效值的等位线与在直流电场中测量同值的等位线，其效果和位置完全相同。

【实验装置】

双层静电场测绘仪（本实验中用导电纸充当导电质）、直流电源、滑线变阻器、万用电表、导线等。

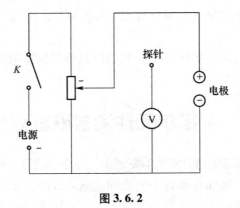

图 3.6.2

【实验内容】

测绘同轴圆柱面电极间的电场分布。

(1) 连接电路，铺好坐标纸，极间电压 $U_0 = 10.00 \text{ V}$；

(2) 沿 16 个不同方向测量电位差为 2 V、4 V、6 V、8 V 的四组等位点，每条等位线测等位点不得少于 8 个；

(3) 画出各等位线，并测量其半径 r_e；

(4) 并由当内圆柱面圆心 O 点为低电位时，$V(r) = \dfrac{U_0 \ln(r_T/r_0)}{\ln(R_0/r_0)}$（注：$R_0 = 5 \text{ cm}$，$r_0 = 1 \text{ cm}$），求理论值 r_T，计算相对误差 $\delta = \dfrac{r_e - r_T}{r_T} \times 100\%$，并列出如下表格

项目	电位差 $V(r)$			
	2 V	4 V	6 V	8 V
实验值 r_e/cm				
理论值 r_T/cm				
相对误差 δ				

(5) 画出模拟静电场的电力线；

(6) 分析误差产生的原因。

【注意事项】

（1）为保证获得均匀的静电场，实验时应轻拿轻放和缓慢移动探针，以免划破导电纸。
（2）电极、探针应与导线保持良好的接触。

【思考题】

（1）用模拟法测的电位分布是否与静电场的电位分布一样？
（2）如果实验时电源的输出电压不够稳定，那么是否会改变电力线和等位线的分布？为什么？
（3）试从你测绘的等位线和电力线分布图，分析何处的电场强度较强，何处的电场强度较弱。
（4）试从长直同轴圆柱面电极间导电介质的电阻分布规律和欧姆定律出发，证明它的电位分布有与(3.6.9)式相同的形式。

3.7 用霍尔元件测量磁感应强度

霍尔效应是美国科学家霍尔于1879年发现的。它揭示了运动的带电粒子在外磁场中因受洛伦兹力的作用而偏转，从而在垂直于电流和磁场的方向上将产生电势差的规律。霍尔效应是电磁基本现象之一，在科学技术的许多领域（测量技术、电子技术、自动化技术等）中都有着广泛的用途。利用这种现象人们制成各种霍尔元件，现今已经在自动化和信息技术中得到了广泛的应用，实用霍尔元件是由半导体材料制成的。

【实验目的】

（1）认识霍尔效应，理解产生霍尔效应的机理。
（2）研究霍尔电压与工作电流的关系。
（3）学会用霍尔元件测量磁感应强度的方法，研究霍尔电压与磁场的关系。
（4）了解霍尔效应的副效应及消除方法。

【实验原理】

1. 霍尔效应

一块长方形金属薄片或半导体薄片，若在某方向上通入电流 I_S，在其垂直方向上加一磁场 B，则在垂直于电流和磁场的方向上将产生电势差 U_H，这个现象称为霍尔效应。U_H 称为霍尔电压。霍尔发现这个电势差 U_H 与电流强度 I_S 成正比，与磁感应强度 B 成正比，与薄片的厚度 d 成反比，即：

$$U_H = R_H \frac{I_S B}{d} \tag{3.7.1}$$

式中，R_H 称为霍尔系数，它表示该材料产生霍尔效应能力的大小。

2. 霍尔效应产生机理

如图3.7.1所示，将一块厚度为 d、宽度为 b、长度为 L 的半导体薄片（霍尔元件）放置

在磁场 B 中,磁场 B 沿 z 轴正方向。当电流沿 x 轴正方向通过半导体时,若薄片中的载流子(设为自由电子)以平均速度 v 沿 x 轴负方向作定向运动,所受的洛伦兹力为:

$$f_B = evB \tag{3.7.2}$$

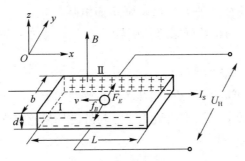

图 3.7.1 霍尔效应原理图

在 f_B 的作用下自由电子受力偏转,结果向板面 Ⅰ 积聚,同时在板面 Ⅱ 上出现数量相同的正电荷。这样就形成了一个沿 y 轴负方向上的横向电场,使自由电子在受沿 y 轴负方向上的洛伦兹力 f_B 的同时,也受到一个沿 y 轴正方向的电场力 F_E。设 E 为电场强度,U_H 为霍尔片 Ⅰ、Ⅱ 面之间的电势差(即霍尔电压),则:

$$F_E = eE = e\frac{U_H}{b} \tag{3.7.3}$$

F_E 将阻碍电荷的积聚,最后达到稳定平衡状态时有:

$$f_B = F_E \tag{3.7.4}$$

即:

$$evB = e\frac{U_H}{b}$$

或

$$U_H = vBb \tag{3.7.5}$$

设载流子浓度为 n,单位时间内体积为 vdb 里的载流子全部通过横截面,则电流强度 I_S 与载流子平均速度 v 的关系为:

$$I_S = vdbne \text{ 或 } v = \frac{I_S}{dbne} \tag{3.7.6}$$

将(3.7.6)式代入(3.7.5)式,得:

$$U_H = \frac{1}{ne}\frac{I_S B}{d} = R_H \frac{I_S B}{d} \tag{3.7.7}$$

式中,霍尔系数 R_H 为:

$$R_H = \frac{1}{ne} = \frac{U_H d}{I_S B} \tag{3.7.8}$$

式中,U_H 的单位为 V,d 的单位为 cm,I_S 的单位为 A,B 的单位为 Gs(高斯),霍尔系数 R_H 的单位为 cm^3/C。

改写(3.7.7)式为 $U_H = K_H I_S B$,式中 K_H 称为霍尔灵敏度,$K_H = \frac{R_H}{d}$,K_H 是一个重要参数,表示该元件在单位磁感应强度和单位控制电流时的霍尔电压。它的大小与材料性质、薄片的几何尺寸有关。对一定的霍尔元件在温度和磁场变化不大时,可认为 K_H 基本上是常数。

半导体材料有 N 型(电子型)和 P 型(空穴型)两种。前者的载流子为电子,带负电;后者的载流子为空穴,相当于带正电的粒子。由图 3.7.1 可以看出,若载流子为 N 型,则 Ⅰ 面电势低于 Ⅱ 面,$U_H < 0$;若载流子为 P 型,则 Ⅰ 面电势高于 Ⅱ 面,$U_H > 0$。因此,知道了载流子的类型,可以根据 U_H 的正负确定待测磁场的方向;反之,知道了磁场方向亦可以确定载流子的类型。

3. 霍尔电压的特性及测量

从关系式 $U_H = K_H I_S B$ 可以看出霍尔电压 U_H 的特性如下:

(1) 在一定的工作电流 I_S 下,霍尔电压 U_H 与外磁场磁感应强度大小 B 成正比,这就是利用霍尔效应检测磁场的原理。即:

$$B = \frac{U_H}{K_H I_S} \tag{3.7.9}$$

(2) 在一定的外磁场中,霍尔电压 U_H 与通过霍尔元件的电流强度 I_S(工作电流)成正比。即:

$$I_S = \frac{U_H}{K_H B} \tag{3.7.10}$$

4. 霍尔元件副效应的影响及其消除

1) 霍尔元件的副效应。

在研究固体导电过程中,继霍尔效应之后不久又发现了埃廷斯豪森(Ettingshausen)、能斯特(Nernst)和里吉—勒迪克(Righi - Leduc)效应,它们都归属于热磁效应。

(1) 埃廷斯豪森效应。

1887 年埃廷斯豪森发现,由于霍尔元件内部的载流子速度服从统计分布,即使 $F_E = f_B$,也存在速度大于或小于 v 的电子,于是它们在磁场中洛伦兹力 f'_B 或 f''_B 不同,则轨道偏转也不同。速度大于 v 的电子具有较大的动能,由于 $f'_B > F_E$ 而聚积到霍尔元件的板面 Ⅰ;而速度小于 v 的电子具有较小的动能,由于 $f''_B < F_E$ 而聚积到霍尔元件的板面 Ⅱ。随着载流子的动能转化为热能,使两侧的温升不同,形成一个横向温度梯度,引起温差电压 U_E,U_E 的大小与 $I_S B$ 乘积成正比,方向与 U_H 始终同向,并随 I_S、B 的换向而改变。这种由温度梯度而引起温差电压 U_E 的效应称为埃廷斯豪森效应。

(2) 能斯特效应。

由于霍尔元件的电流引出线焊点的接触电阻不同,当有电流通过时,发热程度不同,根据帕尔贴效应,一端吸热,温度升高;另一端放热,温度降低。于是出现温度差,在 x 方向引起热扩散电流。加入磁场后,会在 Ⅰ、Ⅱ 面之间建立一个横向电场 E_N,因而产生附加电压 U_N,U_N 的方向与磁场 B 的方向有关,与电流 I_S 方向无关。这种由霍尔元件的引出线焊点的接触电阻不同而引起温度差,产生电压 U_N 的效应称为能斯特效应。

(3) 里吉—勒迪克效应。

里吉—勒迪克效应是由于能斯特效应产生的热扩散电流的载流子的迁移率不同而产生的,类似于埃廷斯豪森效应中载流子速度不同一样,也将形成一个横向的温度梯度而产生相应的温度电压 U_{RL},U_{RL} 的方向与磁场 B 的方向有关,与电流 I_S 方向无关。

2) 不等势电压。

不等势电压 U_0 是因霍尔元件的材料本身不均匀以及电压输入端引线在制作时不可能绝

对对称地焊接在霍尔元件的两侧,使横向引出的两个电极很难处在同一个等势面上而引起的。因此,即使不加磁场,只要霍尔元件上通过电流,两电极引线间就有一个电势差 U_0。U_0 的方向与电流方向有关,与磁场方向无关。U_0 的大小与霍尔电压 U_H 同数量级或更大,在所有附加电压中居首位。

3) 附加效应的消除。

由于上述四种附加效应总是伴随着霍尔效应一起出现,实际测量的电压值只不过是综合效应的结果,即:U_H、U_E、U_N、U_{RL}、U_0 的数和,并不只是 U_H。在测量时应考虑这些附加效应,并消除这些附加效应引入的误差。在本实验中,对各种副效应的消除方法很巧妙:通过改变 I_S 和 B 的方向,使 U_N、U_{RL}、U_0 从计算中消失。而 U_E 的方向始终与 U_H 的方向保持一致,在实验中无法消除,但一般 U_E 比 U_H 小得多,由它带来的误差可以忽略不计(或将工作电流 I_S 改为交流电,因为 U_E 的建立需要一定时间,而交流电变化快,使得 U_E 效应来不及建立,可以减小测量误差)。

综上所述,在确定磁场 B 和工作电流 I_S 的条件下,实验时需测量下列四组数据:

当 B 为正,I_S 为正时,测得电压:
$$U_1 = U_H + U_E + U_N + U_{RL} + U_0$$

当 B 为正,I_S 为负时,测得电压:
$$U_2 = -U_H - U_E + U_N + U_{RL} - U_0$$

当 B 为负,I_S 为负时,测得电压:
$$U_3 = U_H + U_E - U_N - U_{RL} - U_0$$

当 B 为负,I_S 为正时,测得电压:
$$U_4 = -U_H - U_E - U_N - U_{RL} + U_0$$

从上述四组结果可得:
$$U_H = \frac{1}{4}(U_1 - U_2 + U_3 - U_4) - U_E$$

因为 $U_E \ll U_H$,可以忽略不计,所以霍尔电压为:
$$U_H = \frac{1}{4}(U_1 - U_2 + U_3 - U_4)$$

这种消除副效应的办法,是消除系统误差的一种常用方法。采取了上述消除系统误差的措施后,可使准确度达 0.1% 以上。

【实验装置】

霍尔效应仪(含霍尔元件、电磁铁、换向开关)、稳压电源、直流安培表、直流毫安表、单刀单掷开关、干电池、50 Ω 滑线变阻器、导线若干。

【实验内容】

(1) 测量电磁铁磁极间的磁感应强度。

按图 3.7.2 连接电路,工作电流采用直流电。建议实验时给定励磁电流 I_M 为 0.20 A,工作电流依次取 2.00 mA、4.00 mA、6.00 mA、8.00 mA,分别改变磁场 B 和工作电流 I_S 的极性,消除副效应的影响,测出相应的霍尔电压 U_H,考察霍尔电压 U_H 与工作电流 I_S 是否是线性变化关系,并作 U_H—I_S 曲线。根据给定的 K_H 算出磁感应强度的大小。数据记录表格参见表3.7.1。

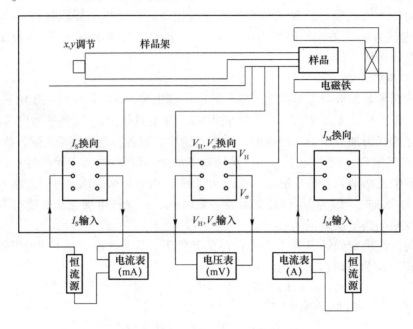

图3.7.2 霍尔效应实验电路图

表3.7.1 U_H—I_S 特性曲线的数据表

工作电流 I_S/mA	2.00	4.00	6.00	8.00
霍尔电压 $U_1(+I, +B)$				
霍尔电压 $U_2(-I, +B)$				
霍尔电压 $U_3(-I, -B)$				
霍尔电压 $U_4(+I, -B)$				
霍尔电压 U_H				

（2）在标尺适当范围内，研究磁场的横向变化关系。数据表格自拟。

（3）利用霍尔元件，研究磁感应强度 B 与励磁电流 I_M 的关系。

建议实验时给定工作电流 I_S 为 6.00 mA，励磁电流 I_M 依次取 0.30 A、0.40 A、0.50 A、0.60 A，分别改变磁场 B 和工作电流 I_S 的极性，消除副效应的影响，测出相应的霍尔电压 U_H，考察霍尔电压 U_H 与励磁电流 I_M 的关系，并作 U_H—I_M 曲线。数据记录表格参见表3.7.2。

表3.7.2 U_H—I_M 特性曲线的数据表

励磁电流 I_M/A	0.30	0.40	0.50	0.60
霍尔电压 $U_1(+I, +B)$				
霍尔电压 $U_2(-I, +B)$				
霍尔电压 $U_3(-I, -B)$				
霍尔电压 $U_4(+I, -B)$				
霍尔电压 U_H				

【注意事项】

（1）接线前，请先检查霍尔效应仪上的电极接线是否正确。
（2）霍尔片又薄又脆，引线接头细，是易损元件。测量时不可挤压、碰撞或扭曲。
（3）霍尔元件的工作电流不得超过额定值 10 mA，否则会因过热而损坏。
（4）电磁铁通电时间不宜过长，励磁电流不能长时间调节在 0.90 A 上。

【数据处理】

（1）计算某点的磁感应强度。
（2）用作图法或直线拟合法研究 $U_H - I_M$ 关系，并分析。
（3）作出磁场横向 $B - x$ 曲线，分析磁场分布。
（4）总结实验规律。

【思考题】

（1）试分析霍尔效应法测量磁感应强度的不确定度的来源。
（2）怎样利用霍尔效应确定载流子电荷的正负并测量载流子的浓度？
（3）除了换向法外，还有没有其他方法能消除霍尔效应副效应的影响？
（4）用霍尔元件测量交变磁场时，仪器和装置应做哪些改动？
（5）霍尔元件还有什么用途？

第4章 光学实验

4.1 分光计的调节和使用

光线在传播过程中，遇到不同介质的分界面时会发生反射和折射，光线将改变传播的方向，在入射光与反射光或折射光之间形成一定的夹角。通过对某些角度的测量，可以测定折射率、光栅常数、光波波长、色散率等许多物理量。因而，精确测量这些角度，在光学实验中显得十分重要。

分光计是一种能够较精确测量上述要求角度的典型光学仪器，经常用来测量材料的折射率、色散率、光波波长和进行光谱观测等。由于该装置比较精密，控制部件较多而且操作复杂，所以使用时必须严格按照一定的规则和程序进行调整，方能获得较高精度的测量结果。

分光计的调整思想、方法与技巧，在光学仪器中有一定的代表性，学会对它的调节和使用方法，有助于掌握操作更为复杂的光学仪器。对于初次使用者来说，往往会遇到一些困难。但只要在实验调整观察中，弄清调整要求，注意观察出现的现象，并努力运用已有的理论知识去分析、指导操作，在反复练习之后才开始正式实验，一般也能掌握分光计的使用方法，并顺利地完成实验任务。

【实验目的】

(1) 了解分光计的构造，学会分光计的调整方法。
(2) 学会使用分光计测角的方法，掌握用分光计测三棱镜折射率的一种方法。

【实验原理】

三棱镜如图4.1.1所示，AB 和 AC 是透光的光学表面，又称折射面，其夹角 α 称为三棱镜的顶角；BC 为毛玻璃面，称为三棱镜的底面。

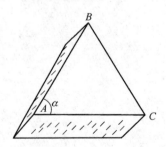

图 4.1.1 三棱镜示意图

用反射法测量三棱镜顶角的原理如下：

如图4.1.2所示，一束平行光入射于三棱镜，经过 AB 面和 AC 面有两条反射光线，它

们分别沿 AB 和 AC 方位射出,两条反射线的夹角记为 φ,由几何学关系可知:

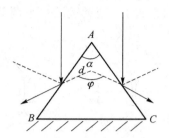

图 4.1.2　反射法测顶角

$$\alpha = \frac{1}{2}\varphi \tag{4.1.1}$$

图 4.1.3 为测三棱镜折射率的光路图。BC 为三棱镜底面,为毛玻璃面,毛玻璃面对应的角 α 为三棱镜的顶角。当一束平行光 L 射入 AB 面时,在 AB 面、AC 面两次折射,以 R 的方向射出。入射线 L 与出射线 R 之间的夹角 δ 为偏向角。

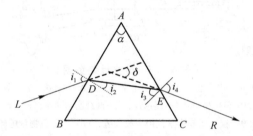

图 4.1.3　测三棱镜折射率的光路图

随载物台的转动,入射角 i_1 发生变化,继而引起 i_2、i_3 及 i_4 的变化,因此偏向角 δ 也要改变。根据在 AB 面和 AC 面的折射定律,各角的几何关系以及 $\frac{d\delta}{di_1}=0$、$\frac{d^2\delta}{di_1^2}>0$ 的极值条件,可以证明(参看本实验附录 4-7-1)。当 $i_1 = i_4$,$i_2 = i_3$ 时偏向角 δ 取最小值,称此角为最小偏向角。以 $\delta_{\min}$ 表示。此时有:

$$n = \frac{\sin i_1}{\sin i_2} = \frac{\sin \frac{1}{2}(\delta_{\min}+\alpha)}{\sin \frac{\alpha}{2}} \tag{4.1.2}$$

对三棱镜折射率 n 的测量转换成对顶角 α 及最小偏向角 $\delta_{\min}$ 的测量。

【实验装置】

分光计由望远镜、载物台、读数装置及平行光管四个主要部分组成。其构造和作用分述如下(参看图 4.1.4):

1. 望远镜

望远镜(4)由物镜、自准目镜和叉丝组成的圆筒构成。自准镜为高斯目镜。小灯泡照射的光自望远镜筒底部小孔射入,通过与镜轴成 45°的全反射镜反射照亮叉丝。叉丝与物镜,目镜间的距离,皆可调节。望远镜支架(18)和刻度圆盘(16)固定在一起,可以绕分光计中心轴旋转，旋转角度可通过游标系统读出。用望远镜固定螺丝(20)固定望远镜后可借助望远镜微调螺丝(19)准确对准狭缝(或像)。望远镜的水平调节可用望远镜水平调节螺丝(14)调节(注意先打开锁紧螺丝(12))。

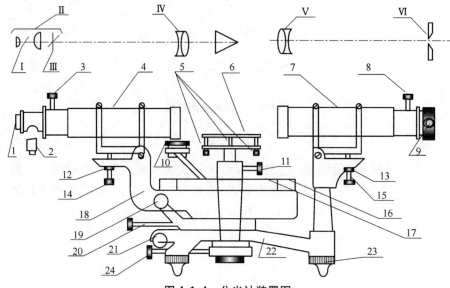

图 4.1.4　分光计装置图

Ⅰ—45°全反射镜；Ⅱ—目镜组；Ⅲ—十字叉丝；Ⅳ—物镜；Ⅴ—透镜；Ⅵ—狭缝

1—目镜；2—小灯；3—固定目镜螺丝；4—望远镜；5—调载物台水平螺丝；6—载物台；7—平行光管；
8—固定狭缝螺丝；9—狭缝调节螺丝；10—放大镜；11—固定载物台螺丝；12—锁紧螺丝；
13—锁紧螺丝；14—望远镜水平调节螺丝；15—平行光管水平调节螺丝；16—刻度圆盘；
17—游标盘；18—望远镜支架；19—望远镜微调螺丝；20—望远镜固定螺丝；
21—游标盘微调螺丝；22—底座；23—水平调节螺丝；24—游标盘固定螺丝

2. 载物台

载物台(6)是用来放待测件的。台面下面装有三个调整台面水平状态的螺丝(5)(S_1、S_2、S_3)，螺丝(11)是固定载物台的螺丝。

3. 读数装置

读数装置由刻度圆盘(16)和游标盘(17)组成。刻度圆盘分为360°，最小刻度为半度，即30′。游标上刻有30个小格，每一格对应1′。游标读数的方法与游标卡尺的读法类似；游标0对应的主尺上读到"度"，游标和主尺对齐处在游标上读到"分"，如图4.1.5所示的位置应读为116°12′。注意：游标0对应主尺过了半度应加30′。

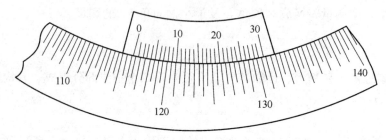

图 4.1.5　读数装置示意图

刻度圆盘的转轴(望远镜筒的转轴)与分光计中心轴应重合。但由于制造中的加工误差，转动轴与仪器的中心轴偏离。偏心引起的系统效应服从正弦分布。相差180°处误差大小相等方向相反。为补偿偏心引起的系统效应，在相隔180°处双孔读数。这是补偿带有转动系统的仪器因偏心引起系统效应的重要措施。

4. 平行光管

在柱形圆筒一端装有一个套筒，套筒末端有一狭缝，柱形圆筒另一端装有消色差透镜组，用鼓轮(有些仪器有固定螺丝，如图4.1.4中的(8)，应松开，可前后拨插)移动套筒，使狭缝位于透镜的焦平面，平行光管(7)射出平行光束。缝宽可用螺旋狭缝调节螺丝(9)调节(注意拧紧螺丝，狭缝变宽大)，平行光管的水平可用平行管的水平调节螺丝(15)进行调节(注意先打开锁紧螺丝(13))，使平行光管的光轴和分光计的中心轴垂直。

【实验内容】

分光计使用时必须满足两个要求：

(1) 入射光和出射光应当是平行光，即平行光管射出的光和望远镜接收的光都应是平行光。

(2) 入射线、出射线与反射面(或折射面)的法线所在的平面应当与分光计的刻度圆盘面平行。为此，分光计的中心轴必须垂直于望远镜光轴和平行光管光轴，且与待测件光学面(入射和出射光线的面)平行。为此，分光计必须进行调整。

1. 分光计的调整

通常，仪器的调整都要先进行目视粗调。目视粗调，顾名思义，是直接用眼睛观察仪器，应该水平的就要水平，应该垂直的就要垂直。如分光计中平行光管和望远镜(的光轴)以及载物台都要水平。

调整分光计，要依次调节望远镜、载物台、待测件及平行光管。

1) 望远镜的调节。

要求：望远镜光轴与分光计中心轴垂直(并相交)。为达到这一要求，如图4.1.6所示，放在载物台上的平镜A面与B面各自对准望远镜时与望远镜的光轴垂直。

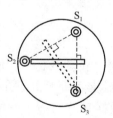

图4.1.6 平镜在载物台上的位置示意图

自准直法：当仪器接通电源，小灯泡发出的光通过望远镜底部小窗口射入望远镜镜筒时，被筒内45°镜全反射照亮十字叉丝，调节目镜组的位置，使叉丝位于望远镜物镜的焦平面上，出射的光将成为平行光，该平行光从望远镜射入载物台上的平面镜。若这一平行光与平面镜垂直，根据光路的可逆性，反射光将沿原入射线返回、聚焦并成像，在望远镜中看到物与像(叉丝与叉丝像)重合的现象(实际上是轴对称位置)。这种调节光路时，以物与像是否重合为依据调节光轴与镜面垂直的方法称为自准直法。

(1) 粗调。粗调的基本要求：

按照图 4.1.6 的实线放好平镜（S_1、S_3 连线垂直于平镜镜面，S_2 通过镜面），转动载物台，当平镜的两个面（A 面和 B 面）各自对准望远镜时，在望远镜视野中都能看到反射回来的叉丝像，即达到粗调的要求。粗调是否顺利，是调节分光计快慢的关键。

一般做好目视粗调，当转动载物台，平镜的 A、B 两面各对准望远镜时，其中一面（如 A 面），能看到反射回来的光斑（叉丝像），而另一面（如 B 面）往往看不到。若两个面都看不到，可通过转动载物台和拧动螺丝 S_3 实现。

望远镜对准已出现反射叉丝像的面（A 面），看着反射的叉丝像：

① 拧动 S_3，使叉丝像位于望远镜视野上方，如图 4.1.7 所示。

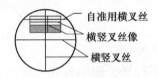

图 4.1.7　叉丝像在望远镜视野中的位置示意图

② 拧动望远镜水平调节螺丝(14)使叉丝像回到视野的中心。

③ 将载物台转动 180°对准 B 面，查看 B 面是否已出现叉丝像。

按上面①、②、③的顺序可反复进行 2~3 次。若仍看不到反射的叉丝像，就会发现原来的目视粗调已被严重破坏（如载物台明显倾斜），应沿相反的方向进行调节，即：

① 用望远镜水平调节螺丝(14)使叉丝像位于上方。

② 用 S_3 使叉丝像位于望远镜视野中心。

③ 转动 180°对准 B 面查看是否出现反射的叉丝像。

注意：

在粗调中，始终是对着已出现反射像的面（如 A 面），看着叉丝像进行调节，而转到 B 面只是查验是否出现反射叉丝像。在调节过程中，一直保持从 A 面看到的反射像不丢失，而使 B 面的反射像相对望远镜，或者徐徐上升或者徐徐下降，总能出现在望远镜视野中，从而达到粗调的要求。

(2) 细调。细调采用各半调节，方法如下：

平镜的一面（如 A 面）对准望远镜，转动载物台，使竖直叉丝与竖直叉丝像对齐。拧动载物台水平调节螺丝 S_3，横叉丝与横叉丝像的距离（图 4.1.8 中的 d）缩小一半（至 $d/2$），再拧动望远镜的水平调节螺丝(14)，使横叉丝与横叉丝像完全重合，进行各半调节（用 S_3 和(14)）。对另一面（如 B 面）的调节，重复上面的调节，即用水平调节螺丝 S_3 和望远镜水平调节螺丝(14)进行各半调节使叉丝与叉丝像重合。各半调节的物理实质是：对一面（如 A 面），只要采用各半调节，那么另一面（B 面）叉丝像相对于望远镜的位置不变。因此采用各半调节 A 面时，B 面对准望远镜的叉丝像仍保持粗调后能看到反射叉丝像的原来状态。同样若调节完 A 面之后再用各半调节调 B 面，A 面调好的物与像重合的状态应保持不变，但是各半只是用眼睛大约估计的，因此在调 B 面后，重新观测原来已调好的 A 面时，重合在一起的叉丝与叉丝像会稍有分开。此时，仍须再补充做一、二次的各半调节，才会得到非常满意的效果。

只要注意粗调和细调的异同点，这一部分的内容不难掌握。

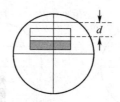

图 4.1.8　细调时叉丝像在望远镜视野中的位置示意图

到此为止，望远镜已调好。在下面的调整以及在整个测量中不要再动水平调节螺丝(14)。否则将前功尽弃，切记！

2) 载物台的调整。

这一步的调整，是为了更加顺利地进行下一步待测件的调节而做的。在上一步的调节中，通过 S_3(或 S_1)，使 S_1 处和 S_3 处的高度相同，即 S_1S_3 的连线平行于望远镜轴，但含镜面的 S_2 没有调。为了调节 S_2，将平镜转动一个小角度，放在如图 4.1.6 所示的虚线位置，使 S_1 和 S_2 的连线垂直于平面镜镜面，S_3 含在平面镜镜面。只调 S_2，使平镜与望远镜自准（叉丝与叉丝像重合）即可。（注意：不是各半调节）。

3) 待测件——三棱镜的调整。

如图 4.1.9 所示，放好三棱镜，使三棱镜顶（顶角 α 处）A 位于接近载物台中心，C 位于任一载物台水平调整螺丝（如 S_3）上方。因 △ABC 与 △$S_1S_2S_3$ 都是正三角形，因此光学面 AB 垂直于 S_2，S_3 的连线，另一光学面 AC 垂直于 S_1，S_2 连线。也就是说 AB 面可通过 S_2 和 S_3 进行自准（物像重合），AC 面通过 S_1 和 S_2 进行自准。

值得注意的是：调整载物台水平螺丝 S_2，既可调 AC 面，又可调 AB 面，这反而限制住了它的使用，成为不准动的螺丝。待测件——三棱镜的调节可简述如下：如图 4.1.9 所示，放好三棱镜，AB 面只用 S_3，AC 面只用 S_1，使各自达到自准状态。

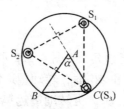

图 4.1.9　三棱镜载物台的调整位置示意图

另外要说明的是：由于不同生产厂家生产的仪器不同，有的仪器在调节时看到的叉丝像与图 4.1.7 和图 4.1.8 所示的情况不同，而是如图 4.1.10 所示，但对应的调节方法及叉丝像的位置相同。

4) 平行光管的调整。

打开钠光灯光源，用狭缝调节螺丝(9)可使狭缝适合（在视野中约 0.5 mm），转动狭缝 90°，使狭缝平行于望远镜横叉丝。调节平行光管水平调节螺丝(15)，使狭缝与中间横叉丝重合（图 4.1.8），再把狭缝竖过来。

在测量之前必须使叉丝、叉丝像和狭缝清晰。

(1) 转动目镜使叉丝清晰。

(2) 移动目镜组相对物镜的位置（或用调焦鼓轮）使反射像清晰。

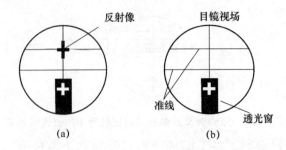

图 4.1.10　不同仪器型号分光计的叉丝像在望远镜视野中的情况示意图

（3）在做完前两步后，移动狭缝（或用调狭缝焦距鼓轮）使狭缝清晰，这样可达到平行光管射出平行光，望远镜接受平行光，可重复达到满意为止（适当补充进行自准调节）。

望远镜的视差可以通过反复旋转自准目镜、调焦鼓轮直至移动眼睛看叉丝和叉丝像都没有相对移动来消除。

5）三棱镜的补充调整。

有的分光计仪器，从三棱镜光面反射回的叉丝像非常模糊，不容易找到叉丝像。特别是打开钠光灯后，由于受外面钠光灯光线的干扰，使得叉丝像更加模糊，在操作中比较难找到叉丝像，使得实验更加困难。此时可以利用外部钠光灯光源的光线调整三棱镜。

前提条件：望远镜和平行光管已经调好，特别是将光线狭缝横置时，狭缝与望远镜中间横叉丝重合。

调节方法：当三棱镜对应图 4.1.9 所示的位置时，转动载物台和望远镜，先找到从三棱镜的 AC 面反射回的狭缝（找狭缝时利用光的反射原理），调节螺丝 S_1 使反射狭缝与望远镜中间横叉丝重合，则 AC 面调好。用同样的方法调节螺丝 S_1 可调好 AB 面。

调节要求：从三棱镜两光面反射回来的狭缝的像与望远镜中间横叉丝重合。

2. 棱镜折射率的测定

1）棱镜顶角的测定。

转动载物台，使已调好的三棱镜顶角（如图 4.1.2 所示）对准平行光管使平行光管射出来的光束照在棱镜的两个光学面 AB 和 AC 面，转动望远镜在 I 处，找出从 AB 面反射的狭缝像并对准竖叉丝，在左右孔读出 φ_1、φ_1'，再转动望远镜至 II 处望远镜的竖直叉丝对准狭缝像，可在左右孔中读出 φ_2、φ_2'。因而，三棱镜的顶角为：

$$\alpha = \frac{\varphi}{2} = \frac{1}{4}[(\varphi_2 - \varphi_1) + (\varphi_2' - \varphi_1')] \tag{4.1.3}$$

稍微转动载物台再重复测量，共测 5 次。求出顶角并表示测量结果。

在计算望远镜转过的角度时，要注意转动望远镜时游标零位是否经过了刻度盘的零点。如图 4.1.3 中望远镜从 AB 面的反射光线读数是 $\varphi_1 = 175°45'$，$\varphi_1' = 355°45'$，从 AC 面的反射光线读数为 $\varphi_2 = 295°43'$，$\varphi_2' = 115°43'$。则左孔读数（φ_1，φ_2）没有经过零点，故 $\varphi = \varphi_2 - \varphi_1 = 119°58'$。但右孔的读数（$\varphi_1'$，$\varphi_2'$）过了零点，夹角应按下式计算：$\varphi = (360° + \varphi_2') - \varphi_1' = 119°58'$。

由于很难发现游标零位是否经过了刻度圆盘的零点（后面简称是否过零点），所以很难在做实验的过程中发现是否过零点。因此我们需要从测量的数据中判断是否过零点。判断的方法和处理准则如下。

(1) 判断方法：

从实验中依次读取四个数据分别是：φ_1、φ_1'、φ_2 和 φ_2'。对于不同的分光计，即使相同的待测件，φ_1 与 φ_1' 之间的大小也不能确定。判断是否过零点需要依据所读数字的大小确定。当 $\varphi_1 > \varphi_1'$ 时，如果 $\varphi_2 > \varphi_2'$，则没过零点；如果 $\varphi_2 < \varphi_2'$，则过零点。是否过零点的详细判断方法如下：

$$\begin{cases} \varphi_1 > \varphi_1' \begin{cases} \varphi_2 > \varphi_2',\text{不过零点} \\ \varphi_2 < \varphi_2',\text{过零点} \end{cases} \\ \varphi_1 < \varphi_1' \begin{cases} \varphi_2 > \varphi_2',\text{过零点} \\ \varphi_2 < \varphi_2',\text{不过零点} \end{cases} \end{cases} \text{或} \begin{cases} \varphi_1 > \varphi_2 \begin{cases} \varphi_1' > \varphi_2',\text{不过零点} \\ \varphi_1' < \varphi_2',\text{过零点} \end{cases} \\ \varphi_1 < \varphi_2 \begin{cases} \varphi_1' > \varphi_2',\text{过零点} \\ \varphi_1' < \varphi_2',\text{不过零点} \end{cases} \end{cases}$$

(2) 处理方法：

① 不过零点，全部数据不变，代入 (4.1.3) 式进行处理。

② 过零点，将四个数据中最小的数据加 360°，其他数据不变，代入 (4.1.3) 式进行处理。

2) 测量最小偏向角。

(1) 用望远镜寻找偏向角。

光学玻璃制成的三棱镜最小偏向角一般为 60°（有些为 40°）左右。因此在平行光管射出来的入射线与接受出射线望远镜轴大于 60°处放置望远镜，如图 4.1.11 所示的 $\delta_{\min}$，缓慢来回转动载物台，使光线从 AC 面入射，从望远镜中看到 AB 面出射的狭缝像。

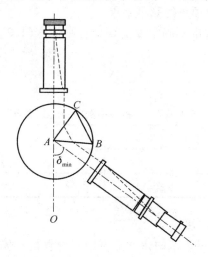

图 4.1.11　测量最小偏向角时平行光管、三棱镜、望远镜的位置示意图

(2) 确定最小偏向角的位置。

转动载物台，改变入射角，出射线的方位将变化。使出射线向入射线靠拢的方向转动载物台使偏向角 δ 变小，并转动望远镜跟踪狭缝像。当接近最小偏向角的位置时，狭缝像移动缓慢直至停下来，偏向角不能再变小，而向相反的方向（偏向角变大的方向）逆转。此反向逆转处恰好是最小偏向角处。缓慢转动载物台仔细确定最小偏向角的方位。

(3) 转动望远镜，使竖直叉丝与狭缝像对齐，读出角度 θ_1 和 θ_1'。

(4) 转动望远镜至入射线对齐，读出入射线的方位 θ_0 和 θ_0'。

(5) 转动望远镜至入射线的左侧，转动载物台使光线从 AB 面入射，重复 1、2 步骤，测出另一方向的最小偏向角的方位，读出 θ_2 和 θ_2'。在两面处（即入射面为 AB 和 AC）多次测量，按下式计算最小偏向角并表示测量的结果：

$$\delta_{\min} = \frac{1}{2}[(\theta_i - \theta_0) + (\theta_i' - \theta_0')] \qquad (4.1.4)$$

把顶角及最小偏向角代入计算折射率的公式（4.1.2）中，求出折射率 n 及其不确定度，并表示测量结果。

【数据处理】

1. 顶角的测量

测量数据填入表 4.1.1。

表 4.1.1　测量顶角数据表

测量次数	1	2	3	4	5
φ_1					
φ_1'					
φ_2					
φ_2'					

利用（4.1.3）式求出顶角的 5 次测量值，计算顶角的平均值和 A 类标准不确定度。将两类标准不确定度合成，写出顶角的测量结果。

注意：由于仪器的 B 类标准不确定度是 $0.5'$，则依据（1.2.9）式算出顶角的 B 类标准不确定度是 $0.25'$。

2. 最小偏向角的测量

测量数据填入表 4.1.2。

表 4.1.2　测量最小偏向角的数据表

测量次数	1	2	3	4	5
θ_i					
θ_i'					

再测量入射线的角度 θ_0 和 θ_0'。

利用（4.1.4）式算出 5 次最小偏向角的测量值。计算最小偏向角的平均值和 A 类标准不确定度。将两类标准不确定度合成，写出最小偏向角的测量结果。

3. 折射率的计算

利用（4.1.2）式算出折射率的数值，再评定折射率 n 的合成不确定度。计算不确定度的部分公式是：$\dfrac{\partial n}{\partial \alpha} = -\dfrac{\sin\dfrac{\delta_{\min}}{2}}{2\sin^2\dfrac{\alpha}{2}}$，$\dfrac{\partial n}{\partial \delta_{\min}} = \dfrac{\cos\dfrac{\alpha + \delta_{\min}}{2}}{2\sin\dfrac{\alpha}{2}}$，写出折射率的测量结果。

【思考题】

（1）在望远镜调节中，粗调和细调的异同点是什么？

(2) 为什么使用分光计时采用双孔读数的方法测量各个角度？

4.2 光的衍射及光栅常数的测量

光的衍射具有非常广泛的应用，如光谱分析、晶体结构分析、全息照相、光学信息处理等，都涉及光的衍射的有关理论。光栅是根据多缝衍射原理制成的一种分光元件，它能产生谱线间距较宽、均匀排列的光谱，所得光谱线的亮度虽比用棱镜分光时要小些，但光栅的分辨本领比棱镜大。光栅不仅适用于可见光，还能用于红外光波和紫外光波。

衍射光栅有透射光栅和反射光栅两种，它们都相当于一组数目很多、排列紧密、均匀的平行狭缝。透射光栅是用金刚石刻刀在一块平面玻璃上刻成的，而反射光栅则把狭缝刻在磨平的硬质合金上。本实验教学用的是复制光栅（透射式），它由明胶或动物胶在金属反射光栅印下痕线，再用平面玻璃夹好，以免损坏。

【实验目的】

(1) 进一步熟悉分光计的使用。
(2) 观察光线通过光栅后的衍射现象。
(3) 测定光栅常数（或钠光光谱线的波长）。

【实验原理】

光栅上的刻痕起着不透光的作用，当一束单色光垂直照射在光栅上时，各狭缝的光线因衍射而向各方向传播，经过透镜会聚相互产生干涉，并在透镜的焦平面上形成一系列明暗条纹。

如图 4.2.1 所示，设光栅常数 $d=AB$ 的光栅 G，有一束平行光与光栅的法线成 i 角的方向，入射到光栅上产生衍射。从 B 点作 BC 垂直于入射光 CA，再作 BD 垂直于衍射光 AE，AE 与光栅法线所成的夹角为 φ。如果在这方向上由于光振动的加强而在 F 处产生了一个明条纹，其光程差 $CA+AD$ 必等于波长的整数倍，即：

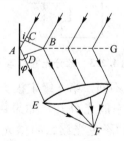

图 4.2.1 光栅的衍射

$$d(\sin\varphi \pm \sin i) = k\lambda \tag{4.2.1}$$

式中，λ 为入射光的波长。当入射光和衍射光都在光栅法线同侧时，(4.2.1)式括号内取正号；当入射光和衍射光在光栅法线两侧时，(4.2.1)式括号内取负号。

若入射光垂直入射到光栅上(如图 4.2.2 所示),即 $i=0$,则(4.2.1)式变成:

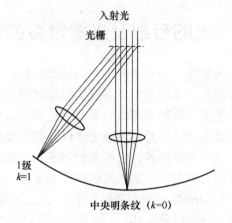

图 4.2.2　衍射条纹的观察位置

$$d\sin \varphi_k = k\lambda \tag{4.2.2}$$

或

$$\sin \varphi_k = \frac{\lambda}{d}k \tag{4.2.3}$$

这里,$k=0$,±1,±2,±3,$\cdots$,k 为衍射级次,φ_k 为第 k 级谱线的衍射角。(4.2.3)式称为光栅方程。由此方程可以看出:

(1) 在 λ 一定的情况下,光栅常数 $d=a+b$ 越小(d 是一个光栅刻痕和一个刻痕间距之和),如图 4.2.3 所示,相邻二主极大间的角距离越大,衍射条纹分得越开。

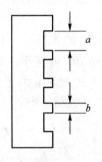

图 4.2.3　部分光栅示意图

(2) 对于给定的光栅常数 d,λ 不同,第 k 级主极大的位置不同。红光对应的衍射角大于紫光的,因此,光栅能把不同频率的光分开。如果用日光做实验,就能得到按紫、蓝、绿、橙、红的次序分布在零级两侧的彩色光谱,叫做光栅光谱。所谓零级谱线,是指沿着 $\varphi=0°$ 的方向观察。可以看到一条极强的中央亮纹;对称在零级谱线两侧的为一级谱线、二级谱线……,随着谱线级数的增高,谱线的亮度也愈低,愈不易被看到。

本实验中使用 λ 为已知的钠光(其波长为 589.3 nm,实际上是 589.0 nm 和 589.6 nm 两个波长;由于它们非常靠近,一般取它们的平均值),可作为单色光。

一般在工程技术中，每毫米的刻痕数也叫做光栅常数。本实验我们就要测算出此光栅常数，即 $\dfrac{1}{d}$。

【实验装置】

分光计，光栅。

【实验内容】

1. 分光计的调节

分光计的调节包括对望远镜、载物台、平行光管的调节。关于分光计调节的详细内容，参看实验4.1。分光计调好后，望远镜的水平调节螺丝不能再动。

2. 待测件光栅的调节

对于待测件光栅的调节有两点要求：

（1）入射线垂直于光栅平面。

（2）平行光管的狭缝与光栅刻痕平行。

调节方法：

1）入射线垂直于光栅平面。

照亮平行光管的狭缝，转动望远镜，对准狭缝，使狭缝与望远镜的竖直叉丝对齐，固定望远镜。

如图4.2.4所示放好光栅，达到 S_1、S_3 的连线与光栅表面垂直。转动载物台，拧动载物台水平调节螺丝 S_1（或 S_3），使光栅面与望远镜接近垂直，找回反射回来的叉丝像并达到自准（望远镜的最上叉丝与横竖叉丝像重合），小心固紧载物台，目的是直到实验结束，不能再次转动载物台。

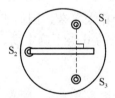

图4.2.4 光栅放置的位置

综上所述，调好后看到的现象是：在望远镜中看到的入射光线、望远镜的叉丝竖线、叉丝像竖线三条线重合。叉丝像横线与望远镜最上横线重合。

2）平行光管狭缝与光栅刻痕平行。

松开固定的望远镜，转动望远镜观察左、右各级的谱线，若谱线的高度不一样高，调节 S_2，使左、右谱线一样高即可达到光栅刻痕与平行光管狭缝平行。

3. 各衍射角的测量

依次测出 $k = -3$，-2，-1，0，1，2，3 各级衍射谱线对应的角度，并记录。

【注意事项】

（1）光栅是精密光学元件，严禁用手触摸光栅面。

(2) 为了使测量更加精确，必须使谱线和叉丝以及反射叉丝像清晰并消除视差。方法为：转动目镜使叉丝清晰，调节调焦鼓轮（或松开固定目镜组螺丝，前后拔插目镜组）使反射的叉丝像清晰，调节调狭缝的鼓轮（或松开固定狭缝的螺丝，前后拔插狭缝筒）使狭缝清晰，并反复调节，尽可能消除视差。

(3) 由于钠光的谱线是 5 890Å 和 5 896Å 两条谱线，特别是 ±2 级以后两条谱线分的非常明显，测量时应该只对准内侧线 5 890Å 或者外侧线 5 896Å 测量，以便对应相应的波长计算。

【数据处理】

1. 衍射角的计算

测量的数据填入表 4.2.1。

表 4.2.1　测量的数据表

测量次数	-3	-2	-1	0	1	2	3
α_i							
α_i'							

根据公式 $\varphi_i = \frac{1}{2}[(\alpha_i - \alpha_0) + (\alpha_i' - \alpha_0')]$ 计算出 φ_i 的 7 个测量数据，评定 A 类标准不确定度；再求出它们的 B 类不确定度。

2. 用最小二乘法处理数据

由于 k 是准确值，而 φ_i 有不确定度，因此利用最小二乘法处理数据时，应设 $y_i = \sin\varphi_i$，$x_i = k$，则对应的 $b = \lambda/d$。由所设的变量并计算可知，φ_i 的 B 类标准不确定度是固定的 $0.5'$，而根据公式 $u_{y_i} = \cos\varphi_i \cdot u_{\varphi_i}$，$y_i$ 的 B 类不确定度却因 φ_i 的值而不同。原则上求 y_i 的 B 类不确定度应加权平均，可是这样计算太复杂，因此求出各个 y_i 的 B 类不确定度后，用各个 y_i 的 B 类不确定度的平均值作为它的 B 类不确定度，以便与 y_i 的 A 类不确定度合成，最后表示测量结果。

【思考题】

(1) 用钠光（波长 λ = 5 893Å）垂直入射到 1 mm 有 500 条刻痕的平面透射光栅上时，最多能看到第几级光谱？请叙述理由。如果平面透射光栅为 200 条/mm 或 100 条/mm，那么最多能看到第几级光谱？请叙述理由。

(2) 在光栅衍射实验中，如果垂直入射的光是复合白光，不同波长的光为什么能分开？中央透射光是什么光？

(3) 当测量第二级以上谱线时，看到相互靠近的两条谱线，这是为什么？从理论上应对准哪儿测量？

4.3　用牛顿环测量透镜曲率半径

17 世纪初，物理学家牛顿在观察肥皂泡及其他薄膜干涉现象时，把一个玻璃三棱镜压在一个曲率已知的透镜上，偶然发现干涉圆环，并对此进行了实验观测和研究。托马斯·杨是波动光学的奠基者之一。他发现利用透明物质薄片同样可以观察到干涉现象，进而引导他对牛顿环进行研究，他用自己创建的干涉原理解释了牛顿环的成因和彩色薄膜的成因，并第一个近似地测定了七种色光的波长，从而完全确认了光的周期性，为光的波动理论找到了又一个强有力的证据。

【实验目的】

（1）理解牛顿环的产生机理及特点。
（2）掌握读数显微镜的调整和使用方法。
（3）学会用等厚干涉法测量透镜的曲率半径。
（4）学会用逐差法处理实验数据。

【实验原理】

牛顿环装置是将一块曲率半径较大的平凸玻璃透镜的凸面放在一块光学玻璃平板（平晶）上构成的，如图 4.3.1 所示。平凸透镜的凸面与玻璃平板之间形成一层空气薄膜，其厚度从中心接触点到边缘逐渐增加。若以平行单色光垂直照射到牛顿环上，则经空气层上、下表面反射的二束光存在光程差，它们在平凸透镜的凸面相遇后，将发生干涉。其干涉图样是以玻璃接触点为中心的一系列明暗相间的同心圆环（图 4.3.2），称为牛顿环。由于同一干涉环上各处的空气层厚度是相同的，因此称为等厚干涉。

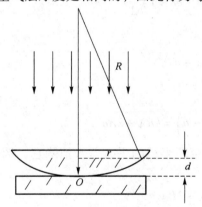

图 4.3.1　牛顿环装置

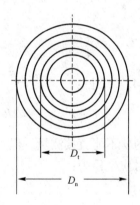

图 4.3.2　干涉环

与第 k 级条纹对应的两束相干光的光程差为：

$$\Delta = 2d + \frac{\lambda}{2} \tag{4.3.1}$$

式中，d 为第 k 级条纹对应的空气膜的厚度；$\frac{\lambda}{2}$ 为半波损失。

由干涉条件可知，当 $\Delta = (2k+1)\frac{\lambda}{2}$（$k = 0, 1, 2, 3, \cdots$）时，干涉条纹为暗条纹，得到空气层的厚度为：

$$d = \frac{k}{2}\lambda \tag{4.3.2}$$

设透镜的曲率半径为 R，与接触点 O 相距为 r 处空气层的厚度为 d，由图 4.3.1 所示几何关系得

$$R^2 = (R-d)^2 + r^2 \tag{4.3.3}$$

由于 $R \gg d$，则 d^2 可以略去，移项得空气层的厚度为：

$$d = \frac{r^2}{2R} \tag{4.3.4}$$

由(4.3.2)和(4.3.4)式可得，第 k 级暗环的半径为：

$$r_k^2 = 2Rd = 2R \cdot \frac{k}{2}\lambda = kR\lambda \tag{4.3.5}$$

由(4.3.5)式可知，如果单色光源的波长 λ 已知，只需测出第 k 级暗环的半径 r，即可算出平凸透镜的曲率半径 R；反之，如果 R 已知，测出 r 后，就可计算出入射单色光的波长 λ。但是，由于平凸透镜的凸面和光学平玻璃平面不可能是理想的点接触。接触压力会引起局部弹性形变，使接触处成为一个圆形平面，干涉环中心为一暗斑；或者空气间隙层中有尘埃等因素的存在使得在暗环公式中附加了光程差，假设附加厚度为 a（有灰尘时 $a > 0$，受压变形时 $a < 0$），则光程差为：

$$\Delta = 2(d+a) + \frac{\lambda}{2} \tag{4.3.6}$$

由暗纹条件：

$$2(d+a) + \frac{\lambda}{2} = (2k+1)\frac{\lambda}{2} \tag{4.3.7}$$

得：

$$d = \frac{k}{2}\lambda - a \tag{4.3.8}$$

将上式代入(4.3.5)得：

$$r^2 = 2Rd = 2R\left(\frac{k}{2}\lambda - a\right) = kR\lambda - 2Ra \tag{4.3.9}$$

上式中的 a 不能直接测量，但可以取两个暗环半径的平方差来消除它，例如，第 m 环和第 n 环，对应半径为：

$$r_m^2 = mR\lambda - 2Ra \tag{4.3.10}$$

$$r_n^2 = nR\lambda - 2Ra \tag{4.3.11}$$

两式相减可得：

$$r_m^2 - r_n^2 = R(m-n)\lambda \tag{4.3.12}$$

所以，透镜的曲率半径为：

$$R = \frac{r_m^2 - r_n^2}{(m-n)\lambda} \tag{4.3.13}$$

因为暗环的中心不易确定，故取暗环的直径计算：

$$R = \frac{D_m^2 - D_n^2}{4(m-n)\lambda} \tag{4.3.14}$$

由上式可知，只要测出 D_m 与 D_n（分别为第 m 与第 n 条暗环的直径）的值，就能算出 R 或 λ。

【实验装置】

1. 读数显微镜

如图 4.3.3 所示，读数显微镜的主要部分为放大待测物体用的显微镜和读数用的主尺和附尺。转动测微手轮，能使显微镜镜筒左右移动。显微镜镜筒有物镜、目镜和十字叉丝组成。使用时，被测量的物体放在工作台上，用压片固定。调节目镜进行视度调节，使叉丝清晰。转动调焦手轮，从目镜中观察，使被测量的物体成像清晰，调整被测量的物体，使其被测量部分的横面和显微镜的移动方向平行。转动测微手轮，使十字叉丝的纵线对准被测量物体的起点，进行读数(读数为主尺和测微手轮的读数之和)。读数标尺上为 0~50 mm 刻线，每一格的值为 1 mm，读数鼓轮圆周等分为 100 格，鼓轮转动一周，标尺就移动一格，即 1 mm，所以鼓轮上每一格的值为 0.01 mm。为了避免回程误差，应采用单方向移动测量。

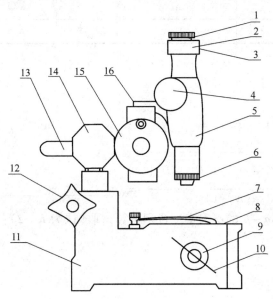

图 4.3.3 读数显微镜结构图

1—目镜；2—锁紧圈；3—锁紧螺丝；4—调焦手轮；5—镜筒支架；6—物镜；
7—弹簧压片；8—台面玻璃；9—旋转手轮；10—反光镜；11—底座；
12—旋手；13—方轴；14—接头轴；15—测微手轮；16—标尺

2. 钠光光源

灯管内有两层玻璃泡，装有少量氩气和钠，通电时灯丝被加热，氩气即放出淡紫色光，钠受热后汽化，渐渐放出两条强谱线 589.0 nm 和 589.6 nm，通常称为钠双线，因两条谱线很接近，实验中可认为是比较好的单色光源，通常取平均值 589.3 nm 作为该单色光源的波长。由于它的强度大，光色单纯，是最常用的单色光源。

使用钠光灯时应注意：

(1) 钠光灯必须与扼流线圈串接起来使用，否则即被烧坏。

(2) 灯点燃后，需等待一段时间才能正常使用(起燃时间 5~6 min)。

(3) 每开、关一次对灯的寿命都有影响，因此不要轻易开、关。另外，在正常使用下也有一定消耗，使用寿命只有 500 h，因此应做好准备工作，使使用时间集中。

(4)开亮时应垂直放置,不得受冲击或振动,使用完毕,需等冷却后才能颠倒摇动,避免金属钠流动,影响灯的性能。

【实验数据】

将实验数据填入表 4.3.1。

表 4.3.1 测量曲率半径数据记录　　　　　　　　单位:mm

组	m	S_1	S_2	$D_m = S_1 - S_2$	n	S_1	S_2	$D_n = S_1 - S_2$
1								
2								
3								
4								
5								

【数据处理】

$$\overline{D_m^2 - D_n^2} = \frac{1}{5}\sum_{i=1}^{n}(D_m^2 - D_n^2)_i = \underline{\qquad} = \underline{\qquad}(\text{mm}^2)$$

$$u_{\overline{D_m^2 - D_n^2}} = \sqrt{\frac{\sum_{i=1}^{5}[(D_m^2 - D_n^2)_i - \overline{D_m^2 - D_n^2}]^2}{n(n-1)}} = \underline{\qquad} = \underline{\qquad}(\text{mm})$$

根据文献和对级差 $m-n$ 的不确定度合理估算,取(认为 $K=2$):

$u_\lambda = 0.3$ nm

$u_{m-n} = 0.2$ mm

则实验的结果:

(1) $\overline{R} = \dfrac{\overline{D_m^2 - D_n^2}}{4(m-n)\lambda} = \underline{\qquad} = \underline{\qquad}(\text{m})$

(2) $E_R = \sqrt{\left(\dfrac{u_{\overline{D_m^2 - D_n^2}}}{D_m^2 - D_n^2}\right)^2 + \left(\dfrac{u_\lambda}{\lambda}\right)^2 + \left(\dfrac{u_{m-n}}{m-n}\right)^2} = \underline{\qquad} = \underline{\qquad}\%$

(3) $u_R = E_R \times \overline{R} = \underline{\qquad} = \underline{\qquad}(\text{mm})$

所以,$R = \overline{R} \pm u_R = \underline{\qquad}$ m,$K=2$。

【思考题】

(1)如何解释牛顿环干涉图样中不等间距的现象?

(2)用同样的方法能否测定凹透镜的曲率半径?

(3)透射光能否形成牛顿环?它和反射光形成的牛顿环有什么区别?

(4)用显微镜测量牛顿环直径时,若测量的不是干涉环的直径,而是干涉上同一直线上的弦长,对实验是否有影响?为什么?

4.4 偏振光学实验

光的干涉和衍射现象揭示了光具有波动性的特点，但这些现象还不能确定光是纵波还是横波。光的偏振现象是表明光的横波性最有力的实验证据。历史上，早在光的电磁理论建立以前，在杨氏双缝实验成功以后不久，马吕斯(E. L. Malus)于1809年就在实验上发现了光的偏振现象。光的偏振现象在自然界是普遍存在的，它的应用也极其广泛。

【实验目的】

(1) 验证马吕斯定律。
(2) 产生和观察光的偏振状态。
(3) 了解产生与检验偏振光的元件和仪器。
(4) 掌握产生与检验偏振光的条件和方法。

【实验原理】

1. 偏振光的基本概念

光波是一种电磁波。光波的电矢量 E 和磁矢量 H 相互垂直，且都垂直于光的传播方向 c（图4.4.1）。通常用电矢量 E 代表光的振动方向，并将电矢量 E 和光的传播方向 c 所构成的平面称为光振动面。我们把振动方向对传播方向的不对称性称为偏振，它是横波区别于纵波的一个最明显的标志。光的偏振现象清楚的显示了光的横波性。

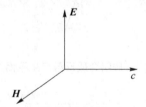

图4.4.1　E、H、c 三者之间的关系

在与传播方向垂直的平面内，电矢量可能有不同的振动状态，即常见的五种偏振状态：平面偏振光、椭圆偏振光、圆偏振光、自然光和部分偏振光。在传播过程中，电矢量的振动只限于平面内的光称为平面偏振光，由于电矢量的矢端在垂直于传播方向的平面上描绘的轨迹是一条直线，又称为线偏振光（图4.4.2(a)）。有一些光，其振动面的取向和电矢量的大小随时间作有规律的变化，电矢量末端在垂直于传播方向的平面上的轨迹是椭圆或圆，这种光称为椭圆偏振光或圆偏振光。其中线偏振光和圆偏振光又可看作椭圆偏振光的特例。另外，光源发射的光是由大量分子或原子辐射构成的。单个原子或分子辐射的光是偏振的，由于大量原子或分子的热运动和辐射的随机性，它们所发射的光的振动面出现在各个方向的根率是相同的。一般说，在 10^{-8} 秒内各个方向电矢量的时间平均值相等，故这种光源发射的光对外不显现偏振的性质，称为自然光（图4.4.2(b)）。在发光过程中，有些光的振动面在某个特定方向上出现的概率大于其他方向，即在较长时间内电矢量在某一方向上较强，这样的光称为部分偏振光（图4.4.2(c)）。

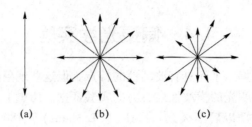

图 4.4.2　线偏振光、自然光及部分偏振光
(a) 线偏振光；(b) 自然光；(c) 部分偏振光

2. 产生平面偏振光的常用方法

1）透明介质表面反射。

一束自然光入射到介质的表面，其反射光和折射光一般是部分偏振光。在特定入射角即布儒斯特角 θ_b 下，反射光成为线偏振光，其电矢量垂直于入射面。由布儒斯特定律可得：

$$\tan \theta_b = \frac{n_2}{n_1} \tag{4.4.1}$$

式中，n_2 为透明介质折射率，n_1 为空气折射率。若光是由空气入射到折射率为 1.54 的玻璃平面上（图 4.4.3），则 $\theta_b = 57°$。

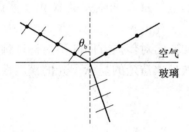

图 4.4.3　透明介质反射产生平面偏振光

2）玻璃片堆。

当一束自然光以布儒斯特角 θ_b 射到多层平行玻璃片上，经多次反射最后透射出来的光也就接近于平面偏振光，其振动面平行于入射面。由多层玻璃片组成的这种透射起偏器又称为玻璃片堆，见图 4.4.4。

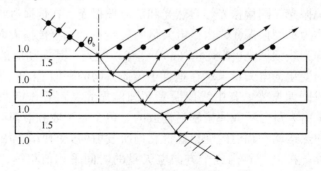

图 4.4.4　玻璃片堆产生平面偏振

3）二向色性偏振片。

二向色性是指有些各向异性的晶体对于光的吸收本领随着光矢量相对于晶体的方位而改

变。具有二向色性的透明的聚乙烯醇片，通过加热和拉伸，使它在特定方向上具有排列得很好的长链分子。当一束自然光入射到这种偏振片上，沿着长链方向的电振动分量被吸收，而与长链垂直的电振动分量不受影响，通过的光为平面偏振光。允许透过的电矢量方向称为偏振片的透过方向，又称透光轴。

4）晶体双折射。

一束自然光垂直入射到一块各向异性晶体表面时，入射光在晶体内分成两束折射光，一束为 o 光（寻常光），一束为 e 光（非常光），这两束光都是平面偏振光，其振动方向互相垂直。实验室可以采用晶体组合的方法，只让 e 光通过，使入射的自然光变成平面偏振光。

3. 波晶片

波晶片是从单轴晶体中切割下来的平行薄片，其表面与晶体的光轴平行。

当一束单色平行自然光正入射到波晶片上，光在晶体内部便分解为 o 光与 e 光。o 光电矢量垂直于光轴，e 光电矢量平行于光轴。而两者的传播方向不变，仍都与界面垂直，但它们的传播速度不同，即相应的折射率 n_o、n_e 不同。设晶片的厚度为 L，则两束光通过晶片后就有位相差：

$$\delta = \frac{2\pi}{\lambda}(n_o - n_e)L \tag{4.4.2}$$

式中，λ 为光波在真空中的波长。$\delta = 2k\pi$ 的晶片，称为全波片；$\delta = 2k\pi \pm \pi$ 时，为半波片；$\delta = 2k\pi \pm \pi/2$ 为四分之一波片。

当一平面偏振光通过半波片后，o、e 光振动方向虽然没变，但却产生 π 的位相差，合成后仍为平面偏振光，但振动面相对于原入射光的振动面转过了 2θ，如图 4.4.5 所示。

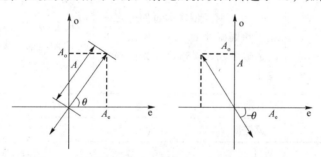

图 4.4.5 偏振光经半波片后的情况

当平面偏振光垂直入射四分之一波片，且振动面与晶轴成 θ 角时，透过四分之一波片，互相垂直的 o 光和 e 光振动产生 π/2 的位相差，在一般情况下，二者光矢量大小不等，其合成光矢量轨迹为椭圆；当 $\theta = 45°$，即 o 光与 e 光二分量相等时，出射光矢量的轨迹为圆形。所以当一单色平面偏振光垂直入射四分之一波片时，其出射光一般为椭圆偏振光或圆偏振光；反之，四分之一波片也可将椭圆或圆偏振光变成平面偏振光。

4. 偏振光的检测

将自然光转换成偏振光的器件叫做起偏器，用来检验偏振光的器件叫做检偏器。实际中起偏器和检偏器是通用的。

根据马吕斯定律，强度为 I_0 的平面偏振光通过检偏器后，透射光的强度为：

$$I = I_0 \cos^2\theta \tag{4.4.3}$$

式中，θ 为入射光偏振方向与检偏器的偏振轴之间的夹角。显然，当以光线传播方向为轴转动检偏器时，透射光强度 I 将发生周期性变化。当 $\theta = 0°$ 和 $180°$ 时，透射光强度为极大值；

当 $\theta = 90°$ 和 $270°$ 时,透射光强度为极小值,我们称之为消光状态,接近于全暗;当 $0 < \theta < 90°$ 时,透射光强度 I 介于最大值和最小值之间。

当入射到检偏器的光是部分偏振光或椭圆偏振光时,检偏器旋转一周,光强变化出现两次极大和两次极小。若入射光为自然光或圆偏振光,当检偏器旋转一周时光强不变。因此,根据透射光强度变化的情况,可以区别平面偏振光、自然光(或圆偏振光)和部分偏振光(或椭圆偏振光)。图4.4.6表示自然光通过起偏器和检偏器的变化情况。

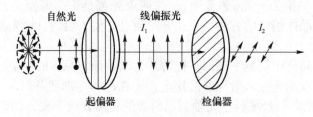

图 4.4.6 自然光通过起偏器和检偏器的变化

五种偏振态的光可以通过表4.4.1所述的方法来辨别。

表 4.4.1 五种偏振态光的辨别方法

第一步	令入射光通过偏振片Ⅰ,改变偏振片Ⅰ的透振方向 P_1,观察透射光强的变化			
观察到的现象	有消光	强度无变化		强度有变化但无消光
结论	线偏振	自然光或圆偏振光		部分偏振光或椭圆偏振光
第二步		a. 令入射光依次通过四分之一波片和偏振片Ⅱ,改变偏振片Ⅱ的透振方向,观察透射光的强度变化		b. 同 a,只是四分之一波片的光轴方向需与第一步中偏振片Ⅰ产生强度极大或极小的透振方向重合
观察到的现象		有消光	无消光	有消光	无消光
结论		圆偏振	自然光	椭圆偏振	部分偏振

【实验装置】

半导体激光器、碘钨灯、硅光电池、UT51数字万用表、偏振片(2片)、半波片、四分之一波片、反射镜、玻璃堆、平台和光具座等。

【实验内容】

1. 验证马吕斯定律

实验装置如图4.4.7所示,光束经过起偏器产生线偏振光,再透过检偏器射到硅光电池上,转动检偏器(360°)观察光强的变化,找到最大电流值(对于硅光电池,其短路电流与光源的光强呈很好的线性关系),确定该位置为相对 $0°$。实验时,测量精度为 $5°$,测量范围: $-90° \sim +90°$。作 $I - \cos^2\alpha$ 的关系曲线,验证马吕斯定律。

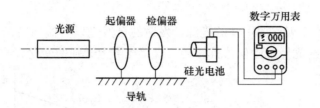

图 4.4.7　测定马吕斯定律的装置图

2. 观察平面偏振光、椭圆偏振光和圆偏振光之间的转化

在图 4.4.8 中，在 P(起偏器)、A(检偏器)之间加入半波片，使波片光轴与 P 的透光方向成 45°角放置。转动 A，调至最暗位置，移去波片后，可看到平面偏振光振动面旋转 90°。一般规律是波片光轴与 P 的透光方向成 θ 时，透过的光仍为平面偏振光，振动方向转过 2θ。

移开半波片，换成四分之一波片，使其光轴与 P 的透光方向成 45°，则平面偏振光透过波片变为圆偏振光，转动 A 时，E 上光强几乎不变。若四分之一波片光轴与 P 的透光方向不是 45°放置，则平面偏振光变为椭圆偏振光，转动 A 一周，E 上光强出现两明两暗的变化。

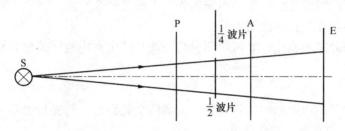

图 4.4.8　观察波片作用的装置

3. 观察光的偏振现象

1) 反射引起的偏振。

图 4.4.9 中 S 为照明灯，C 为聚光镜，M 为黑色反光镜，A 为检偏器，E 为投影屏，θ_b 为入射角。转动检偏器 A 可观察到屏上光强在最大和最小之间的变化，这表明反射光是部分偏振光。(选做：仔细调节入射角 θ，找到最小光强为零，此时 $\theta = \theta_b$ 为布儒斯特角，反射光是全偏振光。)

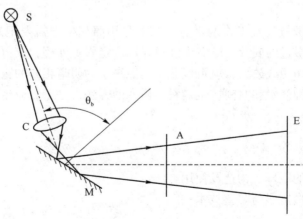

图 4.4.9　反射起偏装置

2）折射引起的偏振。

如图 4.4.10，用反射起偏一样的光源，发射的自然光以布儒斯特角入射玻璃堆上（由 8 块玻璃叠成），其透射光经过检偏器且转动，观察光屏上光强的变化，它也是偏振光。

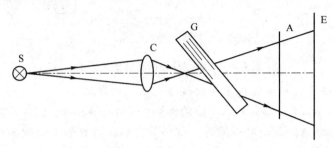

图 4.4.10 折射起偏装置

【预习题】

（1）什么叫平面偏振光？产生平面偏振光的方法是什么？

（2）什么叫半波片？它的作用如何？

（3）什么叫四分之一波片？如何用四分之一波片产生和检验圆偏振光和椭圆偏振光？

【思考题】

（1）求下列情况下理想起偏器和理想检偏器两个光轴之间的夹角为多少？

① 透射光是入射自然光强的 1/3。

② 透射光是最大透射光强度的 1/3。

（2）如果在互相正交的偏振片 P_1 和 P_2 中间插进一块 1/4 波片，使其光轴跟起偏器 P_1 的光轴平行，那么透过检偏器 P_2 的光斑是亮的，还是暗的？为什么？将 P_2 转动 90°后，光斑的亮暗是否变化？为什么？

（3）第(2)题中用 1/2 波片代替 1/4 波片，情况如何？

4.5 黑白摄影与放大

摄影技术包括拍摄与暗室工作两部分，前者是用照相机把需要记录的景物拍摄到底片上，而后者是把已拍摄过的底片在暗室中经过显影、定影等处理，获得一张与原来景物明暗相反的负片，再经过印相或放大，就可以获得与原来景物明暗相同的正片。通过真实再现景物的摄影不仅仅是一种艺术和时尚，也是科学研究的方法，是工农业生产中图像采集的实用技术。

【实验目的】

（1）了解照相机的原理、构造及使用方法。

（2）初步掌握黑白摄影与暗室技术。

【实验原理】

1. 照相机的结构和性能

照相机是摄影的主要工具,它将景物通过光学系统成像于底片或存储芯片上,相机可分为两大类:一是传统的胶片照相机,另一种是数码照相机。这两种相机的光学成像原理相同,主要区别是将图像信息分别存储在胶片或转换成数字信息存贮在存储器里。照相机有镜头、光圈、快门、机身等几个基本组成部分。下面对镜头、光圈、快门做简要介绍。

1)镜头。

镜头的光学特性决定了照相机的使用性能,其主要特性由焦距、相对孔径和视场角三个参数表示。

(1)焦距。它决定了成像大小,在同一距离用不同焦距的镜头拍摄同一物体时,焦距大的成像大;反之成像则小。

按照焦距的长短,可以把镜头分为标准镜头、远摄镜头、广角镜头等,它们可以满足不同的需要。但不论哪种镜头都具有如下性能:在像场的中央和边缘成像都清晰;影像能真实再现景物上的平、直、圆、曲等各种线条。

(2)相对孔径和光圈系数。在镜头的中间装有直径大小可以改变的孔径光阑,通称光圈。它的大小决定进入镜头的光通量的多少,因而决定了像面的照度。像面的照度 E 与光圈直径 D 的平方成正比,与像到镜头的距离的平方成反比,对一般照相机来说,物距远大于像距,故像距近似与镜头的焦距 f 相等,即:

$$E \propto (D/f)^2 \tag{4.5.1}$$

式中,D/f 称为相对孔径,它是决定像面照度和分辨率的参数。照相机镜头框上这个最大的相对孔径值,如 1:2,1:2.8,1:3.5 等。

当改变光圈大小时,就改变了相对孔径的数值。为了方便起见,镜头上表示光圈大小的数字并不是相对孔径值,而是它的倒数(f/D),称为光圈系数或 F 数。其相邻两数的关系为 $1:\sqrt{2}$(前两个数可能除外),例如,1,1.4,2,2.8,4,5.6,8,11,16,22,32,…,这样每转过一个刻度,光圈的直径改变 $\sqrt{2}$ 倍,曝光量变为原来的 2 倍。

照相机能够同时拍摄清楚的远近范围称为景深。景深的大小大约与光圈系数成正比。在我们希望远近较大范围内的物体在底片上都成像清楚时,就要选较大的 F 值。

(3)视场角。镜头的视场角 2ω 决定了成像的空间范围,视场角越大,能够拍摄的景物范围也越大,这个参数由镜头焦距和底片尺寸决定。

相对孔径、视场角、和焦距这三个反映照相机光学特性的量满足下面的经验公式:

$$\frac{D}{f}\tan\omega\sqrt{\frac{f}{100}} = C_\mathrm{m} \tag{4.5.2}$$

对于多数的镜头来说,C_m 差不多是一个常数,大约为 0.24,这表明三个量是相互制约的,只能根据使用中的不同要求重点突出某一光学性能。

2)快门。

快门是控制光线通过镜头进入照相机暗箱的开关。快门的开启时间称为曝光时间。快门上所示刻度是指开启时间的倒数。例如,刻度为 30、60、125 分别表示曝光时间为 $\frac{1}{30}$ s、

$\frac{1}{60}$s、$\frac{1}{125}$s，刻度 B 表示按下快门按钮时快门被打开，松开快门按钮时快门关上，即曝光时间由摄影者自己控制。

拍摄过程中要根据被摄物的明亮程度及底片的感光度合理选用光圈大小及快门速度。

2. 感光材料的作用和性能

胶卷、相纸和放大纸通称感光材料，它是用明胶和卤化银晶粒的乳剂涂布在片基上制成的。曝光时，在光量子的作用下，卤化银的银离子被还原成金属银，由于光越强还原成的银原子越多，因而曝光后的银原子数在底片上将按光照强弱形成一定的分布。但是曝光时尚不能形成大量的银原子，故在感光材料上仅仅形成了看不见的潜像，只有经过化学方法处理，即显影和定影后，才能在感光材料上观察到与景物明暗相反（底片）或相同（相纸）的影像，不同的感光材料性能也不一样。可用以下几个指标来表示其性能。

1）反差及反差系数。

被摄物体的明暗差别叫反差，而反差系数是指影像反差与被摄物体反差之比，用 r 表示，r 值大小与感光材料的制作过程有关。但对同一材料来说，使用强力显影液，显影液的温度高，搅拌次数多，所得 r 值大，反之就小；但变化只能在一定范围内不会超出厂家给定的 r 值。印相或放大纸的 r 值大小，在包装盒上用 1、2、3、4 表示，数值越大，r 值也越大。

2）感光度。

感光底片对光的灵敏度。国际上用 ISO（国际标准化组织的简称）表示。后面标的数值越高，即感光越灵敏。例如，ISO200/24°的感光度就比 ISO200/21°的感光灵敏度高一倍。

3）感色性。

感光材料对光波有一定的敏感范围，并对不同波长的光有不同的敏感程度，这种性质称为感色性。一般胶片都是全色胶片，即在可见光范围内都能感光，暗室操作宜在全暗条件下进行。黑白相纸对红光不敏感，故放大或印相可在暗红灯下操作。

3. 暗室处理过程的基本原理

1）潜像的显影。

经过曝光的底片或相纸，必须经过显影液进行显影才能获得可见的影像。显影作用的实质是用显影剂（还原剂）把感光的卤化银晶粒还原成银。

2）定影。

底片或相纸经过显影后，大约只有 15%~20% 的卤化银晶粒被还原成金属银，构成黑色的影像，而剩余的未被显影的大部分卤化银晶粒，在见光时仍然会发生变化。因此，显影以后必须经过定影，将未还原的卤化银溶去，使影像得以固定。

3）水洗。

在感光材料的水洗过程中，需要两次水洗，其中第一次水洗是在显影之后，即中间水洗。中间水洗的目的是停止显影，并洗去底片或相纸上面的显影液，避免显影液混入定影液，以保护定影液的寿命。另一次水洗是在定影之后，这次水洗应将底片或相纸上的残余药液和杂质尽量洗去，以增长影像的保存时间。

【实验装置】

1. 照相机

1）照相机主要性能规格。

可参见实验室提供的仪器说明书。

2）相机维护与使用注意事项。

（1）爱护镜头，绝对不允许弄脏镜头或手碰镜头，镜头上若有异物，应交教师处理。

（2）在转动卷片扳手时，动作要轻而慢，应一次转到底，不能中途退回再重卷片。当卷片扳手到达终点时，不可突然松手让其自然弹回，这对相机极为不利。

（3）快门都有一定的使用次数，若非必要，不要随意转动卷片扳手和按动快门。

（4）使用完相机后，一定要将调速盘上的时间放在最慢的一挡，即 B 处。因为此时快门弹簧的拉力最小。

2. 放大机

1）主要性能规格。

参见实验室提供的仪器说明。

2）注意事项：放大机的灯泡功率较大，集光室散热不好，不用放大机时，应立即关闭光源；保持片夹和放大镜头的清洁，操作时手要干净；放大时注意胶片的乳剂面向下，放大纸的乳剂面向上。

【实验内容】

1. 拍摄

在了解照相机的使用方法和注意事项后，拍摄自己选择的景物。自己拟定曝光时间和光圈，没有把握可向指导教师请教。拍摄时每张照片记录天气情况、日期、曝光时间、光圈等。

2. 冲洗底片

可按照显影粉、定影粉说明自己配制显影液和定影液。按顺序从放置显影盘、清水盘、定影盘。显影液的温度最好保持 18℃~20℃。

关好暗室门，在全暗条件下从暗室盒内取出胶卷，将胶卷的一端和显影带一起缠绕在显影罐的转动轴上。将转动轴放入显影罐中盖好上盖，此时胶卷完全密封在罐内。开亮白灯，在亮室中将显影液从罐的上盖中心小孔倒入，并开始记录时间，在开始的一分钟内不停地缓慢搅拌，以后适当搅拌，显影完成后，应立即倒出显影液并且用流水冲洗半分钟。再注入定影液，记录时间，不停地搅拌，到规定时间为止。定影完毕后，倒出定影液。将底片在细小的水流中冲洗 10 分钟以上，然后用风扇吹干。

3. 放大照片

（1）将已干燥后的胶片插入片夹中，乳剂面向下。

（2）接通放大机光源开关，将放大镜头的光圈孔径开到最大，即 F 数最小，使投影到相纸片夹上的光线最强。调节放大机的有关旋钮，直到白夹板上的成像清晰、大小适当为止。

（3）根据底片上影像的深浅情况，将放大镜头的光圈缩小 2 至 3 倍，使板上的影像照度适中。

（4）关掉放大机光源，或者将一红滤色片置于光路中镜头下方位置，在暗红光中将一小条放大纸平放在板上的主要部分处，以确定正确的曝光时间。方法是先选定一曝光基数和需要测试的次数，例如，选定基数为 2 s、测试 5 次。此时可用一不透光的遮挡物，将放大纸的小条挡去 4/5，使露出的放大纸曝光 2 秒，熄灭放大机光源。保持放大纸不动，再将遮挡物挡住放大纸的 3/5 处，再曝光 2 s。继续移动遮挡物和再曝光，直到 5 次测试完。这样就得到了一张曝光时间分别为 10 s、8 s、6 s、4 s、2 s 的试样放大纸。另一种方法是使曝光基数成几何级数，如 16 s、8 s、4 s、2 s，步骤可自拟。将此放大纸进行显影定影等处理，最后找出正确的曝光时间来。若效果不佳，可以借鉴上次经验反复测试，一定能找出正确的曝光时间。

（5）将试样小条放大纸浸入显影液中（温度为 20℃ 左右为宜）开始记录显影时间，在红灯下仔细观察，约 40 s 有影像出现，影像逐渐加深，在 2 分钟左右时，照片色调趋于正常，反差合适层次丰富，再延长显影时间色调已不再加深多少，这时就可以终止显影。再进行适当漂洗、定影、水洗。在白光下观察，根据影像色调较好的区域，可以确定正确的曝光。

（6）按试样上找出的正确的曝光时间，正式放大照片。曝光后的相纸，在放入显影液中时，动作要轻而快，不要使相纸表面留有气泡，并不断进行搅拌，注意观察影像出现的情况。显影时间约 2 分钟即可。由于在红灯下观察色调比白光浅。因此初学者可以用已洗好的标准照片做比较。

（7）实验报告：选择较好的照片贴在实验报告纸上，并注明拍摄这张照片时所用的光圈、曝光时间、显影、定影时间和温度等，并做必要的分析讨论、说明或简要的实验体会。

4. 暗室规则

（1）熟悉暗室环境，弄清电源插座及白灯红灯开关所在位置。
（2）按顺序（一般从左到右）放置显影液、清水、定影液。
（3）准备开始工作时，注意暗室门关上，以免他人误入。
（4）严禁用手接触感光材料的乳剂面。
（5）不要把相机带入暗室，装片、卸片均可在亮室中进行。
（6）调节放大机时，应将手上的水擦干净。
（7）工作完毕后，清洗用具，把桌面收拾整齐、擦拭干净，请教师检查复原情况。

4.6 迈克尔逊干涉仪的调节与使用

迈克尔逊干涉仪是历史上最著名的干涉仪，对物理学的发展有过重大贡献。19 世纪末，迈克尔逊与其合作者用此仪器进行了"以太"漂移实验、标定米原器和推断光谱线精细结构三项著名实验。第一项实验解决了当时关于"以太"的争论，并为爱因斯坦创立相对论提供了实验依据。迈克尔逊 1907 年获得诺贝尔物理学奖。迈克尔逊干涉仪是用分振幅法产生双光束干涉的仪器，它可以观察光的等倾、等厚和多光束干涉现象，测定单色光波长、光源相干长度等。

【实验目的】

（1）使学生了解迈克尔逊干涉仪的结构、原理。
（2）利用迈克尔逊干涉仪观察干涉现象。
（3）利用迈克尔逊干涉仪测量 He–Ne 激光的波长。

【实验原理】

迈克尔逊干涉仪原理图如图 4.6.1 所示，在图中：S 为光源，G_1 为半镀银板（使照在上面的光线既能反射又能透射，而这两部分光的强度又大致相等），G_2 为补偿板，材料与厚度均与 G_1 板相同，且与 G_1 板平行。M_1、M_2 为平面反射镜。

光源 S 发出的 He–Ne 激光经会聚透镜 L 扩束后，射向 G_1 板。在半镀银面上分成两束光：光束（1）受半镀银面反射折向 M_1 镜，光束（2）透过半镀银面射向 M_2 镜。二束光仍按原路返回射向观察者 E（或接收屏）相遇发生干涉。

G_2 板的作用是使（1）、（2）两光束都经过玻璃三次，其光程差就纯粹是因为 M_1、M_2 镜与 G_1 板的距离不同而引起。

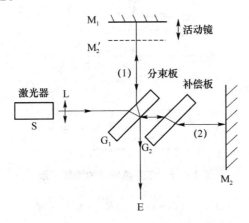

图 4.6.1　迈克尔逊干涉仪原理图

由此可见，这种装置使相干的光束在相干之前分别走了很长的路程，为清楚起见，光路可进行简化，如图 4.6.2 所示。观察者自 E 处向 G_1 板看去，直接看到 M_2 镜在 G_1 板的反射像，此虚像以 M_2' 表示。对于观察者来说，M_1、M_2 镜所引起的干涉，显然与 M_1、M_2' 之间的空气层所引起的干涉等效。因此在考虑干涉时，M_1、M_2' 镜之间的空气层就成为仪器的主要部分。本仪器设计的优点也就在于 M_2' 不是实物，因而可以通过任意改变 M_1、M_2' 之间的距离使 M_2' 在 M_1 镜的前面或后面，也可以使它们完全重叠或相交。

（1）如图 4.6.3 所示，设 M_1、M_2' 之间的距离为 d，那么光源在 M_1、M_2' 中的像 S_1、S_2' 的距离就为 $2d$。现在考虑垂直于 O 轴的观察屏上某点 P，距 O 的距离为 R，从 S_1、S_2' 处传来的光线光程差为：

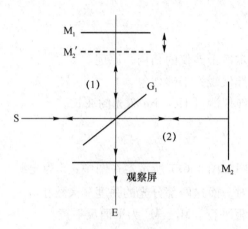

图 4.6.2　迈克尔逊干涉仪简化光路图

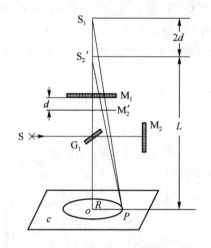

图 4.6.3　点光源形成的等倾干涉

$$\Delta = \sqrt{(L+2d)^2 + R^2} - \sqrt{L^2 + R^2}$$

经整理得：$\Delta = 2d\cos\theta\left(1 + \dfrac{d}{L}\sin^2\theta\right)$

$\approx 2d\cos\theta$

形成明条纹的条件是：$2d\cos\theta = k\lambda (k=0,1,2,3,\cdots)$

形成暗条纹的条件是：$2d\cos\theta = \left(k+\dfrac{1}{2}\right)\lambda (k=0,1,2,3,\cdots)$

这样在观察屏上产生明条纹还是暗条纹只与点光源到 P 点的倾角 θ 有关，在观察屏上将看到一组明暗相间的同心圆环，在某个圆环上任一点与光轴 O 的夹角都相同，所以这是一种等倾干涉。

（2）当 $\theta = 0$ 时 $\Delta = 2d$，此时 k 最大，即级次最高，越往外级次越低。如果 k 一定，当 d 增大时 $\cos\theta$ 就应该减小，即 θ 增大，干涉圆环的直径变大，新的圆环就会源源不断地从圆心处冒出来。反过来，当 d 减小时，$\cos\theta$ 就要增大，即 θ 减小，圆环就会向圆心处缩进去，每冒出或缩进一个圆环，光程差 Δ 就改变一个波长 λ，也就是 d 改变半个波长。如果观察

到 Δk 个干涉圆环的变化，d 的改变量为 Δd，则 $\Delta d = \frac{1}{2}\Delta k\lambda$，即 $\lambda = \frac{2\Delta d}{\Delta k}$ 这样只要测出 Δd 并数出圆环改变个数 Δk 即可算出光的波长 λ，这就是迈克尔逊干涉仪测光波波长的原理。

【实验内容】

迈克尔逊干涉仪的结构如图 4.6.4 所示。

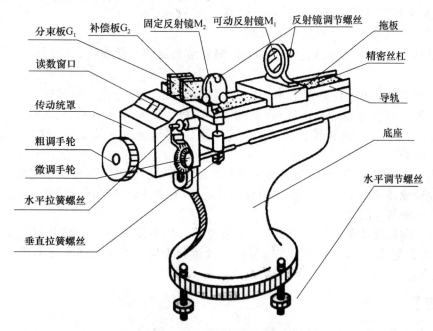

图 4.6.4　迈克尔逊干涉仪结构图

1. 迈克尔逊干涉仪的调整

迈克尔逊干涉仪是一种精密、贵重的光学测量仪器，因此必须在熟读讲义，弄清结构，弄懂操作要点后，才能动手调节、使用。

1）对照讲义，眼看实物弄清本仪器的结构原理和各个旋钮的作用。

2）水平调节：调节底脚螺丝（图 4.6.4，最好用水准仪放在迈克尔逊干涉仪平台上）。

3）读数系统调节：

（1）粗调：将手柄转向下面"开"的部位（使微动蜗轮与主轴蜗杆离开），顺时针（或逆时针）转动粗调手轮，使主尺（标尺）刻度指标于 35～40 mm 之间（因为 M_2 镜至 G_1 的距离大约是 32 mm，这样便于等倾干涉的形成）。

（2）细调：在测量过程中，只能动微调手轮，而不能转动粗调手轮。方法是在将手柄由"开"转向"合"的过程中，迅速转动微调手轮，使微调手轮的蜗轮与粗动手轮的蜗杆啮合，这时微调手轮转动便带动粗调手轮的转动——这可以从读数窗口上直接看到。

（3）调零：为了使读数指示正常，还需调零，其方法是，先将微调手轮指示线转到和"0"刻度对准（此时，粗调手轮也跟随转动——读数窗口刻度线随着变），然后再转动粗调手轮，将粗调手轮转到 1/100 mm 刻度线的整数线上（此时微调手轮并不跟随转动，即仍指原来"0"位置），这时"调零"过程就完毕。

（4）消除空程差：目的是使读数准确。上述三步调节工作完毕后，并不能马上测量，还必须消除空程差。(所谓空程差,是指如果现在转动微调手轮与原来调零时手轮的转动方向相反,则在一段时间内,手轮虽然在转动,但读数窗口并未计数,因为转动反向后,蜗轮与蜗杆的齿并未啮合。)方法是:首先认定测量时是使光程差增大(顺时针方向转动微调手轮)或是减小的(逆时针转动微调手轮),然后顺时针或逆时针方向转动微调手轮若干周后,再开始记数,测量。

4)光源的调整:开启 He-Ne 激光器,使激光束以 45°角入射于迈克尔逊干涉仪的 G_1 板上(用目测来判断),均匀照亮 G_1 板。注意:等高、共轴。

2. 观察非定域等倾干涉现象并进行测量

(1)使 He-Ne 激光束大致垂直于 M_2,调节激光器的高低左右,使反射回来的光束按原路返回。

(2)在观察屏上可看到分别由 M_1 和 M_2 反射到屏的两排光点,每排四个光点,中间有两个较亮,旁边两个较暗,调节 M_2 背面的三个螺丝,使两排光点重合,此时 M_1 和 M_2 垂直。在光源与 G_1 间加一扩束镜,调节扩束镜,使 G_1 尽可能被照得红亮,这时一般观察屏上就会出现干涉条纹。

(3)调节 M_2 镜座下两个微调螺丝直至看到位置适中、清晰的圆环状非定域干涉条纹。

(4)轻轻地转动微调手轮,使 M_1 前后平移,可看到条纹的冒出或缩进,观察并解释条纹的粗细、疏密与 d 的关系。

沿一个方向转动微调手轮若干圈,直到看见干涉圆环均匀地吞吐时说明消除了空程差。记下 M_1 所在位置 X_1,然后沿相同方向继续转动微调手轮,干涉圆环每冒出或缩进 50 环时记下 M_1 所在位置 X_2, X_3, …, X_8。

【实验装置】

SMW—100 型迈克尔逊干涉仪、氦氖激光器、扩束镜。

【实验数据】

数据记录于表 4.6.1。

表 4.6.1 动镜 M_1 位置　　　　　　　　　　单位:mm

X_1	X_2	X_3	X_4	X_5	X_6	X_7	X_8

【数据处理】

(1)直接测量量数据处理(用逐差法处理数据):

$\Delta d_1 = |X_5 - X_1|$,$\Delta d_2 = |X_6 - X_2|$,$\Delta d_3 = |X_7 - X_3|$,$\Delta d_4 = |X_8 - X_4|$

$$\overline{\Delta d} = \frac{1}{4}(\Delta d_1 + \cdots + \Delta d_4)$$

$$u_A(\Delta d) = \sqrt{\frac{\sum(\Delta d_i - \overline{\Delta d})}{4(4-1)}}$$

$$u_B(\Delta d) = \frac{\Delta_{仪}}{\sqrt{3}} = \frac{0.0001}{\sqrt{3}}(\text{mm})$$

$$u_c(\Delta d) = \sqrt{u_A^2(\Delta d) + u_B^2(\Delta d)}$$

（2）间接测量量数据处理：

$$\bar{\lambda} = \frac{2\overline{\Delta d}}{\Delta k} = \cdots \qquad (\text{注意这里 } \Delta k = 200)$$

$$E(\lambda) = \frac{u_c(\Delta d)}{\overline{\Delta d}} \times 100\%$$

$$u_c(\lambda) = \bar{\lambda} \cdot E(\lambda)$$

结果表达式：$\lambda = \bar{\lambda} \pm u_c(\lambda) \qquad (P = 0.683)$

【思考题】

（1）迈克尔逊干涉仪是怎么产生两相干光的？
（2）迈克尔逊干涉仪的光路调整的要求是什么？
（3）如何避免测量过程中的空程差？

第 5 章　近代物理与综合设计性实验

5.1　核磁共振实验

【实验目的】

(1) 了解核磁共振的基本原理。
(2) 学习利用核磁共振校准磁场和测量 g 因子的方法。

【实验原理】

自旋角动量不为零的原子核具有与之相联系的核自旋磁矩，其大小为：

$$\mu = g\frac{e}{2M}p \tag{5.1.1}$$

式中，e 为质子的电荷，M 为质子的质量，g 是一个由原子核结构决定的因子，对不同种类的原子核 g 的数值不同，g 称为原子核的 g 因子，值得注意的是 g 可能是正数，也可能是负数，因此，核磁矩的方向可能与核自旋角动量方向相同，也可能相反。

当不存在磁场时，每一个原子核的能量相同，所有原子处在同一能级。但是，当施加一个外磁场 B 后，情况发生变化，为了方便起见，通常把 B 的方向规定为 z 方向，由于外磁场 B 与磁矩的相互作用能为：

$$E = -\mu \cdot B = -\mu_z B = -\gamma p_z B = -\gamma m \hbar B \tag{5.1.2}$$

因此量子 m 取值不同的核磁矩的能量也就不同，从而原来简并的同一能级分裂为 $(2I+1)$ 个子能级，由于在外磁场中两个子能级的能量间隔 $\Delta E = \gamma \hbar B$ 全是一样的。

当施加外磁场 B 以后，原子核在不同能级上的分布服从玻尔兹曼分布，显然处在下能级的粒子数要比上能级的多，其数量由 ΔE 大小、系统的温度和系统总粒子数决定。若在与 B 垂直的方向上再施加上一个高频电磁场(通常为射频场)，当射频场的频率满足 $h\nu = \Delta E$ 时会引起原子核在上下能级之间跃迁，但由于一开始处在下能级的核比在上能级的核要多，因此净效果是上跃迁的比下跃迁的多，从而使系统的总能量增加，这相当于系统从射频场中吸收了能量。

我们把 $h\nu = \Delta E$ 时引起的上述跃迁称为共振跃迁，简称为共振。显然共振要求 $h\nu = \Delta E$，从而要求射频场频率满足共振条件：

$$h\nu = \Delta E = \mu \cdot B = 2\mu_z B = 2\gamma P_z B = \gamma \hbar B \tag{5.1.3}$$

如果用圆频率 $\omega = 2\pi\nu$ 表示，共振条件可写成：

$$\omega = \gamma B \tag{5.1.4}$$

对于温度为 25℃ 球形容器中水样品的质子，$\gamma/2\pi = 42.576\,375$ MHz/T，本实验可采用这个数值作为很好的近似值，通过测量质子在磁场 B 中的共振频率 ν_N 可实现对磁场的校准，即：

$$B = \frac{\nu N}{\gamma/2\pi} \tag{5.1.5}$$

反之，若 B 已经校准，通过测量未知原子核的共振频率 ν 便可求出待测原子核 γ 值（通常用 $\frac{\gamma}{2\pi}$ 值表征）或 g 因子：

$$\frac{\gamma}{2\pi} = \frac{\nu}{B} \tag{5.1.6}$$

$$g = \frac{\nu/B}{\mu_N/h} \tag{5.1.7}$$

式中，$\frac{\mu_N}{h} = 7.622\,591\,4$ MHz/T。

【实验装置】

实验装置如图 5.1.1 所示。

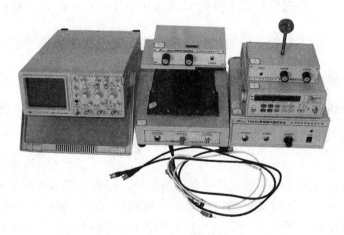

图 5.1.1　实验装置

【实验内容】

1. 校准永久磁铁中心的磁场 B_0

把样品为水（掺有三氟化铁）的探头下端的样品盒插入到磁铁中心，并使电路盒水平放置在磁铁上方的机座上，左右移动电路盒使它大致处于机座的中间位置；将电路盒背面的"频率测试"和"共振信号"分别与频率计和示波器连接；把示波器的扫描速度旋钮放在 5 ms/div 位置，纵向放大旋钮放在 0.1 V/div 或 0.2 V/div 位置；打开频率计，示波器和边限振荡器的电源开关，这时频率计应有读数；接通可调变阻器电流到中间位置，缓慢调节边限振荡器的频率旋钮，改变振荡频率（由小到大或由大到小）同时监视示波器，搜索共振信号。

由共振条件，即式（5.1.3）可知，只有 $\frac{\omega}{\gamma} = B$ 才会发生共振。总磁场为：

$$B = B_0 + B'\cos\omega't \tag{5.1.8}$$

式中，B'是交变磁场的幅度，ω'是市电的圆周频率，总磁场在$(B_0 - B')$到$(B_0 + B')$的范围内按正弦曲线随时间变化，只有$\frac{\omega}{\gamma}$落在这个范围内才能发生共振，为了容易找到共振信号，要加大B'(即把可调变阻器的输出调到较大数值)，使可能发生共振的磁场变化范围增大；另一方面要调节射频场的频率，使$\frac{\omega}{\gamma}$落在这个范围，一旦$\frac{\omega}{\gamma}$落在这个范围，在磁场变化的某些时刻的总磁场$B = \frac{\omega}{\gamma}$，在这些时刻就能观察到共振信号；共振发生在数值为$\frac{\omega}{\gamma}$的水平虚线与代表总磁场变化的正弦曲线交点对应的时刻。水的共振信号将出现尾波振荡，而且磁场越均匀尾波中的振荡次数越多。因此一旦观察到共振信号以后，应进一步仔细调节电路盒在木座上的左右位置，使尾波中振荡的次数最多，即使探头处在磁铁中磁场最均匀的位置，并利用木座上的标尺记下此时电路盒边缘的位置。

只要$\frac{\omega}{\gamma}$落在$(B_0 - B') \sim (B_0 + B')$范围内就能观察到共振信号，但这时$\frac{\omega}{\gamma}$未必正好等于$B_0$，当$\frac{\omega}{\gamma} \neq B_0$时，各个共振信号发生的时间间隔并不相等，共振信号在示波器上的排列不均匀，只有当$\frac{\omega}{\gamma} = B_0$时，它们才均匀排列，这时共振发生在交变磁场过零时刻，而且从示波器的时间标尺可测出它们的时间间隔为10 ms，当然，当$\frac{\omega}{\gamma} = B_0 - B'$或$\frac{\omega}{\gamma} = B_0 + B'$时，在示波器上也能观察到匀排的共振信号，但它们的时间间隔不是10 ms，而是20 ms。因此，只有当共振信号均匀排列而且间隔为10 ms时才有$\frac{\omega}{\gamma} = B_0$，这时频率计的读数才是与$B_0$对应的质子的共振频率。

作为定量测量，我们除了要求出待测量的数值外，还要关心如何减小测量误差并力图对误差的大小做出定量估计从而确定测量结果的有效数字，一旦观察到共振信号，B_0的误差不会超过扫场的幅度B'，因此，为了减小估计误差，在找到共振信号之后应逐渐减小扫场的幅度B'，并相应地调节射频场的频率使共振信号保持间隔为10 ms的均匀排列，在能观察到和分辨出共振信号的前提下，力图把B'减小到最小程度，记下B'达到最小而且共振信号保持间隔为10 ms均匀排列时的频率ν_N，利用水中质子的$\frac{\gamma}{2\pi}$值和公式(5.1.7)求出磁场中待测区域的B_0值。

为了定量估计B_0的测量误差ΔB_0，首先必须测出B'的大小，可采用以下步骤：保持这时扫场的幅度不变，调节射频场的频率，使共振发生在$(B_0 + B')$与$(B_0 - B')$处，这时与$\frac{\omega}{\gamma}$对应的水平虚线将分别与正弦的峰顶和谷底相切，即共振分别发生在正弦波的峰顶和谷底附近，这时从示波器看到的共振信号均匀排列，但时间间隔为20 ms，记下这两次的共振频率ν'_N和ν''_N，利用公式：

$$B' = \frac{(\nu'_N - \nu''_N)/2}{\gamma/2\pi} \tag{5.1.9}$$

可求出扫场的幅度。

现象观察：适当增大 B'，观察到尽可能多的尾波振荡，然后向左（或向右）逐渐移动电路盒在木座上的左右位置，使下端的探头从磁铁中心逐渐移动到边缘，同时观察移动过程中共振信号波形的变化并加以解释。

2. 测量 F^{19} 的 g 因子

把样品为水的探头换为样品为聚四氟乙烯的探头，并把电路盒放在相同的位置，示波器的纵向放大旋钮调节到 50 mV/div 或 20 mV/div，用与校准磁场过程相同的方法和步骤测量聚四氟乙烯中 F^{19} 与 B_0 对应的共振频率 ν_N，以及在峰顶及谷底附近的共振频率 ν'_F 及 ν''_F，利用 ν_F 和公式(5.1.9)求出 F^{19} 的 g 因子，根据公式(5.1.9)，g 因子的相对不确定度为：

$$\frac{\Delta g}{g} = \sqrt{\left(\frac{\Delta \nu_F}{\nu_F}\right)^2 + \left(\frac{\Delta B_0}{B_0}\right)^2} \tag{5.1.10}$$

式中，B_0 和 ΔB_0 为校准磁场得到的结果。

求出 $\Delta g/g$ 之后可利用已算出的 g 因子求出绝对不确定度 Δg，Δg 也只保留一位有效数字并由它确定 g 的有效数字，最后给出 g 因子测量结果的完整表达式。

观测聚四氟乙烯中氟的共振信号时，比较它与掺有三氟化铁的水样品中质子的共振信号波形的差别。

【实验数据】

将测量数据填入表 5.1.1 中。

表 5.1.1 数据表格

$(\gamma/2\pi)_N/(MHz \cdot T^{-1})$	ν_N/MHz	ν'_N/MHz	ν''_N/MHz
42.576 375			
$(\mu_N/h)/(MHz \cdot T^{-1})$	ν_F/MHz	ν'_F/MHz	ν''_F/MHz
7.622 591 4			

【数据处理】

数据处理和要求：

$\bar{B}_0 = \dfrac{\nu_N}{(\gamma/2\pi)_N}$，$\Delta_{B_0} = \dfrac{(\nu'_N - \nu''_N)/20}{(\gamma/2\pi)_N}$，$B_0 = \bar{B}_0 \pm \Delta_{B_0}$，$E_{B_0} = \dfrac{\Delta_{B_0}}{\bar{B}_0} \times 100\%$。

$\bar{g} = \dfrac{\nu_F/\bar{B}_0}{\mu_N/h}$，$\Delta_{\nu_F} = \dfrac{\nu'_F - \nu''_F}{20}$，$E_g = \sqrt{\left(\dfrac{\Delta_{\nu_F}}{\nu_F}\right)^2 + \left(\dfrac{\Delta_{B_0}}{\bar{B}_0}\right)^2} \times 100\%$，

$\Delta_g = E_g \cdot \bar{g}$，$g = \bar{g} \pm \Delta_g$。

【注意事项】

(1) 变压器上的电压值应调在 100 V 左右。

(2) 样品应放在永磁铁的中心位置。

【思考题】

(1) 如何确定对应于磁场为 B_0 时核磁共振的共振频率 ν_0？

(2) 试述如何调节出共振信号。
(3) 不加扫场电压能否观察到共振信号？

5.2 塞曼效应

19世纪伟大的物理学家法拉第研究电磁场对光的影响，发现了磁场能改变偏振光的偏振方向。1896年荷兰物理学家塞曼(Pieter Zeeman)根据法拉第的想法，探测磁场对谱线的影响，发现了钠双线在磁场中的分裂。洛仑兹根据经典电子论解释了分裂为三条谱线的正常塞曼效应。由于研究这个效应，塞曼和洛仑兹共同获得了1902年的诺贝尔物理学奖。他们这一重要研究成就，有力的支持了光的电磁理论，使我们对物质的光谱、原子和分子的结构有了更多的了解。至今塞曼效应仍是研究能级结构的重要方法之一。

【实验目的】

(1) 通过观察塞曼效应现象，了解塞曼效应是由于电子的轨道磁矩与自旋磁矩共同受到外磁场作用而产生的。证实了原子具有磁矩和空间取向量子化的现象，进一步认识原子的内部结构，并把实验结果和理论进行比较。

(2) 掌握法布里—珀罗标准具的原理和使用，了解使用CCD及多媒体计算机进行实验图像测量的方法。

【实验原理】

当发光的光源置于足够强的外磁场中时，由于磁场的作用，使每条光谱线分裂成波长很靠近的几条偏振化的谱线，分裂的条数随能级的类别而不同，这种现象称为塞曼效应。正常塞曼效应谱线分裂为三条，而且两边的两条与中间的频率差正好等于$eB/4\pi mc$，可用经典理论给予很好的解释。但实际上大多数谱线的分裂多于三条，谱线的裂矩是$eB/4\pi mc$的简单分数倍，称反常塞曼效应，它不能用经典理论解释，只有量子理论才能得到满意的解释。

1. 原子的总磁矩与总动量距的关系

塞曼效应的产生是由于原子的总磁矩(轨道磁矩和自旋磁矩)受外磁场作用的结果。在忽略核磁矩的情况下，原子中电子的轨道磁矩μ_L和自旋磁矩μ_S合成原子的总磁矩μ，与电子的轨道角动量P_L，自旋角动量P_S合成总角动量P_J之间的关系，可用矢量图5.2.1来计算。

已知：

$$\mu_L = (e/2m)P_L \qquad P_L = \frac{h}{2\pi}\sqrt{L(L+1)} \qquad (5.2.1)$$

$$\mu_S = (e/m)P_S \qquad P_S = \frac{h}{2\pi}\sqrt{S(S+1)} \qquad (5.2.2)$$

式中，L、S分别表示轨道量子数和自旋量子数，e、m分别为电子的电荷和质量。

由于μ_L和P_L的比值不同于μ_S和P_S的比值，因此，原子的总磁矩μ不在总角动量P_J的延长线上，因此μ绕P_J的延线旋进。(图5.2.2)μ只在P_J方向上分量μ_J对外的平均效果不为零，在进行矢量迭加运算后，得到有效μ_J为：

$$\mu_J = g\frac{e}{2m}P_J \tag{5.2.3}$$

式中，g 为朗德因子，对于 LS 耦合情况下：

$$g = 1 + \frac{J(J+1) - L(L+1) + S(S+1)}{2J(J+1)} \tag{5.2.4}$$

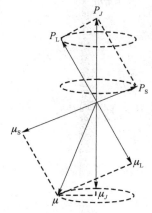 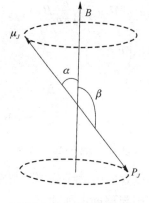

图 5.2.1　角动量和磁矩矢量图　　图 5.2.2　角动量旋进

如果知道原子态的性质，它的磁矩就可以通过 (5.2.3)、(5.2.4) 式计算出来。

2. 在外磁场作用下原子能级的分裂

当原子放在外磁场中时，原子的总磁矩 μ_J 将绕外磁场 B 的方向作旋进，使原子获得了附加的能量。

$$\begin{aligned}\Delta E &= \mu_J \cdot B\cos(\boldsymbol{P}_J \cdot \boldsymbol{B}) \\ &= -\mu_J \cdot B\cos\alpha \\ &= g\frac{e}{2m}P_J B\cos\beta \end{aligned} \tag{5.2.5}$$

由于 μ_J 或 P_J 在外磁场中取向是量子化的，则 P_J 在外磁场方向的分量 $P_J\cos\beta$ 也是量子化的。它只能取如下数值：

$$P_J\cos\beta = M\frac{h}{2\pi} \tag{5.2.6}$$

式中，M 称为磁量子数，只能取 $M = J, (J-1), \cdots, -J$。共 $(2J+1)$ 个值。把 (5.2.6) 式代入 (5.2.5) 式：

$$\Delta E = Mg\frac{he}{4\pi m}B \tag{5.2.7}$$

说明在稳定磁场作用下，由原来的只有一个能级，分裂成 $(2J+1)$ 个能级，每个能级的附加量由 (5.2.7) 式计算，它正比于外磁场强度 B 和朗德因子 g。

3. 能级分裂下的跃迁

设某一光谱线是由能级 E_2 和 E_1 之间的跃迁而产生的，则其谱线的频率 ν 同能级有如下关系：

$$h\nu = E_2 - E_1$$

在外磁场作用下，上下两能级分裂为 $(2J_1+1)$ 个和 $(2J_2+1)$ 个子能级，附加能量分别为

ΔE_1、ΔE_2，从上能级各子能级到下能级各子能级的跃迁产生的光谱线频率 ν'，应满足下式：

$$h\nu' = (E_2 + \Delta E_2) - (E_1 + \Delta E_1)$$
$$= (E_2 - E_1) + (\Delta E_2 - \Delta E_1) \quad (5.2.8)$$
$$= h\nu + (M_2 g_2 - M_1 g_1)\frac{eh}{4\pi m}B$$

即：$\nu' - \nu = (M_2 g_2 - M_1 g_1)\frac{e}{4\pi m}B$

换以波数差来表示 $\left(\nu = \dfrac{v}{c}\right)$

$$\Delta\nu = \nu' - \nu = (M_2 g_2 - M_1 g_1)\frac{e}{4\pi mc}B \quad (5.2.9)$$
$$= (M_2 g_2 - M_1 g_1) \cdot L$$

式中，$L = \dfrac{eB}{4\pi mc}$ 称为洛仑兹单位。$L = 0.467B$，B 的单位为 T(特斯拉)，L 的单位是 cm^{-1}，它也正是正常塞曼效应中谱线分裂的裂距。

M 的选择定则与偏振定则如下：$\Delta M = 0$，± 1

当 $\Delta M = 0$ 时的跃迁，产生 π 成分。

$\Delta M = \pm 1$ 时的跃迁，产生 σ 成分。

当 $g_1 = g_2 = 1$ 时，从式(5.2.4)可知，总自旋量子数 S 为 0，$J = L$。这意味着原子总磁矩唯一由电子轨道磁矩决定，这时原子磁矩与磁场相互作用能量为

$$\Delta E = M\frac{e}{4\pi mc}B$$

塞曼能级跃迁谱线的频率为：

$$\nu = \nu_0 \pm \nu_L \quad \text{(当 } M_L = \pm 1 \text{ 时)}$$
$$\nu = \nu_L \quad \text{(当 } M_L = 0 \text{ 时)}$$

式中，$\nu_0 = (E_2 - E_1)/h$，为拉莫尔旋进频率。$\nu_L = eB/4\pi m$ 跃迁谱线对称分布在 ν_0 两侧，期间距等于 ν_L。即没有外加磁场时的一条谱线，在磁场作用下分裂成频率为 ν_0 和 $\nu_0 \pm \nu_L$ 三条谱线，这就是正常塞曼效应。由此可见，原子内纯电子轨道运动的塞曼效应，为正常塞曼效应。

【实验装置】

根据(5.2.9)式可知：正常塞曼效应所分裂的裂距为一个洛仑兹单位，即 $\Delta\nu = \dfrac{e}{4\pi mc}B$，我们将波数差 $\Delta\nu$ 换成波长差 $\Delta\lambda$ 时，则

$$\Delta\lambda = \lambda^2 \Delta\nu = \lambda^2 \frac{eB}{4\pi mc} \quad (5.2.10)$$

设 $\lambda = 500$ nm，磁场强度 $B = 1$ 特斯拉，则 $\Delta\lambda = 0.1$ Å，由此可知，塞曼效应分裂的波长差的数值是很小的，欲观察如此小的波长差，普通棱镜摄谱仪是不能胜任的，必须使用高分辨本领的光谱仪器。我们所使用的是法布里—珀罗标准具和测量望远镜、联合装置来进行观察和测量。

1. F—P 标准具

(1) F—P 标准具的结构为：两块平面玻璃板，板面的平整要求在 1/20 至 1/100 波长，为了消除背面的反射所产生的干涉与正面所产生的干涉重叠，每块都不是严格的平行平面玻璃板，板的两个面成一很小的夹角，通常是 20′~30′，平板的表面涂以多层介质薄膜，以提高反射率。两块板的中间放一玻璃环，其厚度为 d，装于固定的载架中。该装置为多光束干涉的应用，其干涉条纹为一组明暗相间、条纹清晰、细锐的同心圆环，其经典用处是作为高分辨本领的光谱仪器。

F—P 标准具的光路图如图 5.2.3 所示。当单色平行光束 S，以小角度 θ 入射到标准具的 M 平面时，入射光束 S 经过 M′表面及 M′表面多次反射和透射，形成一系列相互平行的反射光束，这些相邻光束之间有一定的光程差 Δl，而且有

$$\Delta l = 2nd\cos\theta$$

式中，d 为平板之间的间距，n 为两平板之间介质的折射率（标准具在空气中使用，n = 1），θ 为光束入射角，这一系列互相平行并有一定光程差的光在无穷远处或用透镜汇聚在透镜的焦平面上发生干涉，光程差为波长整数倍时产生干涉极大值。

$$2d\cos\theta = N\lambda$$

式中，N 为整数，称为干涉序。由于标准具的间距是固定的，在波长不变的条件下，不同的干涉序 N 对应不同的入射角 θ。在扩展光源照明下，F—P 标准具产生等倾干涉，故它的干涉条纹是一组同心圆环。

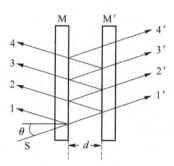

图 5.2.3 标准具光路

由于标准具是多光束干涉，干涉花纹的宽度是非常细锐的，花纹越细锐表示仪器的分辨能力越高。

(2) 标准具测量波长差的公式：

$$2d\left(1 - \frac{D^2}{8f^2}\right) = k\lambda \tag{5.2.11}$$

式中，D 表示圆环的直径，f 为透镜的焦距，d 为两平行板之间的距离。

由上式可见，公式左边第二项的负号表明直径愈大的干涉环纹序愈低。同理，对于同一级序的干涉环直径大的波长小。

对于同一波长相邻级项 k 和 k−1 圆环直径分别为 D_k 和 D_{k-1}，其直径平方差用 ΔD^2 表示，由(5.2.11)式可得：

$$\Delta D^2 = D_{k-1}^2 - D_k^2 = 4\lambda f^2/d \tag{5.2.12}$$

由上式知，ΔD^2 是与干涉级项 k 无关的常数。

对于同一级项不同波长 λ_a、λ_b、λ_c 而言，相邻两个环的波长差 $\Delta\lambda_{ab}$ 的关系由(5.2.12)式得：

$$\Delta\lambda_{ab} = \lambda_a - \lambda_b = d(D_b^2 - D_a^2)/4f^2 K$$

$$\Delta\lambda_{bc} = \lambda_b - \lambda_c = d(D_c^2 - D_b^2)/4f^2 K$$

(5.2.12)式代入上式得 $D_b^2 - D_a^2$

$$\Delta\lambda_{ab} = \lambda_a - \lambda_b = \lambda(D_b^2 - D_a^2)/k(D_{k-1}^2 - D_k^2) \tag{5.2.13}$$

$$\Delta\lambda_{bc} = \lambda_b - \lambda_c = \lambda(D_c^2 - D_b^2)/k(D_{k-1}^2 - D_k^2) \tag{5.2.14}$$

本实验对应圆环直径见图 5.2.5。

由于 F—P 标准具中，大多数情况下，$\cos\phi_m = 1$

所以： $K = 2d/\lambda$

于是有：

$$\Delta\lambda_{ab} = \lambda_a - \lambda_b = \lambda^2(D_b^2 - D_a^2)/2d(D_{k-1}^2 - D_k^2) \tag{5.2.15}$$

$$\Delta\lambda_{bc} = \lambda_b - \lambda_c = \lambda^2(D_c^2 - D_b^2)/2d(D_{k-1}^2 - D_k^2) \tag{5.2.16}$$

用波数表示：

$$\Delta V_{ab} = V_a - V_b = (D_b^2 - D_a^2)/2d(D_{k-1}^2 - D_k^2) = \Delta D_{ab}^2/(2d\Delta D^2) \tag{5.2.17}$$

$$\Delta V_{bc} = V_b - V_c = (D_c^2 - D_b^2)/2d(D_{k-1}^2 - D_k^2) = \Delta D_{ab}^2/(2d\Delta D^2) \tag{5.2.18}$$

由上式可知，波长差或波数差与相应干涉圆环的直径平方差成正比。

2. 实验系统装置

研究塞曼效应的实验装置如图 5.2.4 所示。

在本实验中，光源用水银放电管，由专用电源点燃；N、S 为电磁铁的磁极，电磁铁用直流稳压电源供电；L_1 为会聚透镜，使通过标准具的光强增强；A、B 为 F—P 标准具；P 为偏振片，在垂直磁场方向观察时用以鉴别 π 成分和 σ 成分；K 为 1/4 波片，在沿磁场方向观察时用以鉴别左圆偏振光和右圆偏振光；后部分是测量望远镜、CCD 图像采集处理部分。

微摄像系统的核心器件是电荷耦合器件，简称 CCD (Charge Coupled Device)。自 1970 年发明以来，由于应用广泛，发展极为迅速。作为对光敏感的图像传感器，CCD 具有光电转换、电荷存储和电荷传输的功能。由面阵 CCD 制成的摄像头，可把经镜头聚焦到 CCD 表面的光学图像扫描变换为相应的电信号，经编码后输出 PAL 或其他制式的彩色全电视视频信号，此视频信号可由监视器或多媒体计算机接受并播放。

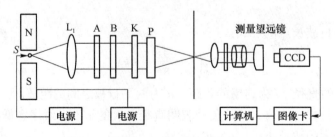

图 5.2.4　实验装置示意图

多媒体计算机加装视频多媒体主件，工作于 Windows 操作环境。视频多媒体主件的核心是多媒体采集卡，可将输入的 PAL 或 NTSC 制视频信号解码并转换为数字信息，此信息可用于在计算机显示器上同步显示所输入的电视图像，并可做进一步的分析处理。

本实验中用 CCD 作为光探测器，通过图像卡使 F—P 标准具的干涉花样成像在计算机显示器上，实验者可使用本实验专用的实时图像处理软件读取实验数据。这样装置所观察到的干涉圆环如图 5.2.5 所示。

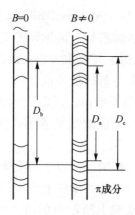

图 5.2.5　干涉圆环

【实验内容】

观察汞 5461Å 的塞曼现象，测量塞曼分裂的谱线直径，算出波数差、核质比并与理论值比较。

（1）接通灯源，调整各个部件，使之与灯源在同一轴线上。

（2）解脱锁紧螺钉，沿导轨方向调整聚光镜位置，使灯管位于透镜的焦面附近。

（3）纵横向调节 F—P 标准具的位置，使之靠近聚光镜组，并与灯源同轴。

（4）当垂直磁场方向观察、测定横效应时，将 1/4 波片组拿掉。

（5）通过可调滑座，可纵横向调整测量望远镜位置，若像偏高或偏低，可解脱望远镜筒螺钉，调整镜筒俯仰，使之与标准具同轴。此时，各级干涉环中心应位于视场中央，亮度均匀，干涉环细锐，对称性好。

（6）接通电磁铁与晶体管稳流电源，缓慢增大激磁电流，这时，从测量望远镜目镜中可观察到细锐的干涉环逐渐变粗，然后发生分裂。随着激磁电流的逐渐增大，谱线的分裂宽度也在不断增宽，当激磁电流达到 2A 时，谱线分裂得很清晰，细锐。当旋转偏振片为 0°、45°、90°各不同位置时，可观察到偏振性质不同的 π 成分和 σ 成分。此时，可用测量望远镜进行测量：旋转测微目镜读数鼓轮，用测量分划板的铅垂线依次与被测圆环相切，从读数鼓轮上即读得相应的一组数据，它们的差值即为被测的干涉环直径。

（7）分别测量连续三个圆环 D_a、D_b、D_c 的值。算出 $D_{k-1}^2 - D_b^2$，$D_b^2 - D_a^2$，$D_c^2 - D_b^2$ 的平均值此后用式(5.2.17)、式(5.2.18)求出塞曼分裂的波数差 ΔV_{ab} 和 ΔV_{bc} 值。

（8）实验值与理论值比较。由公式(5.2.9)

$$\Delta \nu = (M_2 g_2 - M_1 g_1) \frac{Be}{4\pi mc}$$

试计算出 e/m 的实验值。B 为实验时的磁场强度。$\Delta \nu$ 为 $\Delta \nu_{ab}$ 和 $\Delta \nu_{bc}$ 的平均值。

理论值：基本物理常数 1986 年推荐值 $e/m = 1.758\ 819\ 62 \times 10^{11}$ C(库仑)/kg

5.3 密立根油滴实验

著名的美国物理学家密立根(Robert Andrews Millikan)在1909年到1917年期间所做的测量微小油滴上所带电荷的工作,即油滴实验,堪称物理实验的精华和典范。密立根在这一实验工作上花费了近10年的心血,取得了具有重大意义的结果,那就是:

(1) 证明了电荷的不连续性,即电荷的量子性。
(2) 测量并得到了基本电荷即电子电荷,其值大约为 1.60×10^{-19} C。现在公认电子电量 e 是基本电荷(或者称元电荷),对其值的测量精度不断提高,目前给出最好的结果为 $e = (1.60217733 \pm 0.00000049) \times 10^{-19}$ C。

这一实验用相对宏观的实验方法精确地测定了微观物理量,设计思想简明巧妙、方法简单,而结论却具有不容置疑的说服力,是科学史上十大最美丽的物理实验之一。正是由于在这一基本电荷测定实验和光电效应实验上所取得的巨大成就,1923年密立根荣获了诺贝尔物理学奖。

90多年来,物理学发生了根本的变化,而这个实验又重新站到实验物理的前列,近年来根据这一实验的设计思想改进的用磁漂浮的方法测量分子电荷的实验,使古老的实验又焕发了青春,更说明密立根油滴实验是富有巨大生命力的实验。

【实验目的】

(1) 验证电荷的不连续性以及测量基本电荷电量。
(2) 了解CCD传感器、光学系统成像原理及视频信号处理技术的工程应用。
(3) 训练学生做物理实验应具有的严谨态度和坚忍不拔的科学精神。

【实验原理】

密立根油滴实验测定电子电荷的基本设计思想是使带电油滴在测量范围内处于受力平衡状态。按运动方式不同测量方法分为动态测量法和静态测量法。

1. 动态测量法(也可以称之为运动法或升降法)

用喷雾器将油喷入两块相距为 d 的水平放置的平行极板之间,油在喷射成雾状的一瞬间撕裂成许多小油滴,这些小油滴一般都是带电的。

当两极板间未加电压时,悬浮于空气中的油滴在降落过程中除受重力和浮力作用外还受黏滞阻力的作用,如图5.3.1所示。根据斯托克斯定律,黏滞阻力与物体运动速度成正比。开始时油滴加速下降,当油滴下降一小段距离后,随着速度的增大,重力 mg、浮力 F_f 和黏滞阻力 Kv_f 逐渐达到受力平衡,油滴以匀速 v_f 下降,此时有:

$$mg - F_f - Kv_f = 0 \quad (5.3.1)$$

式中,m 为油滴质量,g 为重力加速度。由于表面张力作用,油滴呈小球状。设油滴半径为 a,油的密度为 ρ_1,则质量 $m = \frac{4}{3}\pi a^3 \rho_1$,如果空气密度为 ρ_2,则空气浮力为 $F_f = \frac{4}{3}\pi a^3 \rho_2 g$。根据斯托克斯定律,黏滞阻力 $Fv = Kv_f = 6\pi \eta a v_f$,其中比例系数 $K = 6\pi \eta a$,η 为空气的黏滞系数,a 为油滴半径。因此(5.3.1)式可以写成

$$\frac{4}{3}\pi a^3 \rho_1 g - \frac{4}{3}\pi a^3 \rho_2 g - 6\pi\eta a v_f = 0 \tag{5.3.2}$$

于是"暂且"可得油滴半径为：

$$a = \sqrt{\frac{9\eta v_f}{2\rho g}} \tag{5.3.3}$$

式中，$\rho = \rho_1 - \rho_2$。当在平行极板间加上电压 U 时，在两板的中心区域就产生一匀强电场 $E = \dfrac{U}{d}$，d 为极板间距离。悬浮在极板间带有电荷 q 的油滴所受到的电场力 Eq 如果与重力方向相反，而且大于重力和浮力的差值，油滴就会上升。随着油滴向上的速度逐渐增大，黏滞阻力逐渐增大直至再次达到各力平衡，此时油滴就会以速度 v_r 匀速上升，参见图 5.3.2。此时空气的黏滞阻力为 $F_v = Kv_r = 6\pi\eta a v_r$。于是有：

图 5.3.1　重力场中油滴受力示意图　　图 5.3.2　电场中油滴受力示意图

$$\frac{4}{3}\pi a^3 \rho_1 g - \frac{4}{3}\pi a^3 \rho_2 g + 6\pi\eta a v_r - qE = 0 \tag{5.3.4}$$

将(5.3.3)式和 $E = \dfrac{U}{d}$ 代入(5.3.4)式中，整理后得油滴所带电荷量为：

$$q = 18\pi \frac{d}{U}\left(\frac{\eta^3}{2\rho g}\right)^{\frac{1}{2}} v_f^{1/2}(v_f + v_r) \tag{5.3.5}$$

因此，只要测出油滴在极板间某一段距离 S 内匀速下降的时间 t_f 和匀速上升的时间 t_r，就可以分别得到 $v_f = \dfrac{S}{t_f}$ 和 $v_r = \dfrac{S}{t_r}$，从而计算出油滴所带电荷量 q。

密立根在实验中发现，只有当油滴半径与油滴所在流体(在此即为空气)分子的平均自由程相比前者足够大时，斯托克斯定律才是正确的。当二者大小可以相比较时，例如，本实验中油滴的半径小到 10^{-6} 米，空气的黏滞系数 η 应做如下修正：

$$\eta' = \frac{\eta}{1 + \dfrac{b}{pa}} \tag{5.3.6}$$

式中，b 为修正常数，p 为当地大气压强，a 为油滴半径，具体数值参见本节附录的"数据参考"部分。

将(5.3.6)式代入(5.3.3)式，可得：

$$a = \sqrt{\frac{9\eta v_f}{2\rho g\left(1+\dfrac{b}{pa}\right)}} = \frac{a_0}{\sqrt{1+\dfrac{b}{pa}}} \tag{5.3.7}$$

式中，令 $a_0 = \sqrt{\dfrac{9\eta v_f}{2\rho g}}$，$a_0$ 的意义为未考虑修正时计算出的油滴半径。当 a 为 10^{-6} m 时，$\dfrac{b}{pa}$ 是个很小的量值，a 与 a_0 相差不大，因此有：

$$a_1 = \sqrt{\frac{9\eta v_f}{2\rho g\left(1+\dfrac{b}{pa_0}\right)}}$$

$$a_2 = \sqrt{\frac{9\eta v_f}{2\rho g\left(1+\dfrac{b}{pa_1}\right)}}$$

……

$$a_{n+1} = \sqrt{\frac{9\eta v_f}{2\rho g\left(1+\dfrac{b}{pa_n}\right)}} \tag{5.3.8}$$

直到 $\dfrac{|a_{n+1}-a_n|}{a_{n+1}} < 0.5\%$，从而得到在相对误差允许的范围内较为接近真实值的油滴半径 a_n，这种计算方法称为迭代法。

于是，将 a_n 代入(5.3.6)式和(5.3.5)式，整理得：

$$q = 18\pi \frac{d}{U}\left(\frac{\eta^3}{2\rho g}\right)^{1/2} \frac{v_f^{1/2}(v_f+v_r)}{\left(1+\dfrac{b}{pa_n}\right)^{3/2}} \tag{5.3.9}$$

综上所述，只要测量出加在相距为 d 的两极板间的上升电压 U、固定距离 S 内油滴匀速下落的时间 t_f 和匀速上升的时间 t_r，就可以根据(5.3.8)式和(5.3.9)式计算出油滴的半径 a_n 和带电荷量 q。

2. 静态平衡测量法

静态平衡测量法的出发点是使油滴在均匀电场中静止在某一位置和在重力场中作匀速下降运动。

油滴在重力场中的匀速下降运动过程与动态测量法相同。

当油滴在电场中平衡时，油滴在两极板间受到的电场力 Eq（这里令平衡电压为 U_e，则 $E = \dfrac{U_e}{d}$）、重力 mg 和浮力 F_f 达到平衡，从而静止在某一位置。与动态测量法的匀速上升过程相比，即 $v_r = 0$，没有受到黏滞阻力的作用，因此，很容易由(5.3.9)式得到：

$$q = 18\pi \frac{d}{U_e}\left(\frac{\eta^3}{2\rho g}\right)^{1/2}\left(\frac{v_f}{1+\dfrac{b}{pa_n}}\right)^{3/2} \tag{5.3.10}$$

由上式，只要测量出加在相距为 d 的两极板间的平衡电压 U_e 和在固定距离 S 内油滴匀速下落的时间 t_f，就可以得到油滴的带电荷量。但是，正如在雾天悬浮在空气中的水滴一样，在有限的时间和空间内，很难判断视场内的油滴是否真正静止，所以这种静态平衡测量法的误差相对较大。

3. 基本电荷的测量方法

1）最大公约数法。

测量油滴带电荷量的目的是找出电荷的最小单位 e。为此密立根当初测量了上千个不同油滴所带的电荷值 q_i，发现它们近似为某一最小单位电荷的整数倍，这一最小单位电荷即为油滴带电荷量的最大公约数，或油滴带电荷量之差的最大公约数，这一最小单位电荷量即为基本电荷的电荷量 e（电子是带有负电最小电荷的粒子。人们习惯上把最小电荷叫做基本电荷或元电荷）。

2）倒过来验证法。

如果测量 N 个不同油滴的带电荷量，可以在计算出每个油滴带电荷量 q_i 之后，"倒过来"用 e 的公认值去除，得到每个油滴所带电荷数目的近似值 $n_i = \dfrac{q_i}{e}$（n_i 取整数，然后计算出 $e_i = \dfrac{q_i}{n_i}$，最后取平均值得 e 值。

3）直线拟合法。

由于电荷的量子化特性，应有 $q_i = n_i e$ 为一直线方程，n_i 为自变量，q_i 为因变量，e 为斜率，若找到满足这一关系的曲线，可以采用作图法或直线拟合法通过计算出斜率求得 e 值。

4）最小值法。

实验中也经常采用紫外线、X 射线或放射源等改变同一油滴所带的电荷量，测量油滴上所带电荷量的改变值 Δq_i，而 Δq_i 值应是元电荷电荷量 e 的整数倍。即：

$$\Delta q_i = \Delta n_i e, \text{其中} n_i、\Delta n_i \text{皆为整数} \tag{5.3.11}$$

在带电量改变次数足够多的情况下，一般取 $\Delta n_i e$ 中的最小值为基本电荷 e 值。

【实验装置】

实验仪由油滴盒、CCD 成像系统、监视器等部件组成，仪器部件示意如图 5.3.3 所示。

其中主机包括可控高压电源、计时装置、A/D 采样、视频处理等单元模块。CCD 成像系统包括 CCD 传感器、光学成像部件等。油滴盒包括高压电极、照明装置、防风罩等部件。监视器是视频信号的输出设备。

CCD 模块及光学成像系统用来捕捉暗室中油滴的像，同时将图像信息传给主机的视频处理模块。实验过程中可以通过调焦旋钮来改变物距，使油滴的像清晰的呈现在监视器上。

电压转换开关可以调整极板之间的电压，用来控制油滴的平衡、下落及提升。

油滴盒是一个关键部件，具体构成，如图 5.3.4 所示。

油滴盒是由两块经过精磨的平行极板（上、下电极板）中间垫以绝缘环组成的。平行极板之间的距离为 d。绝缘环上有照明发光二极管进光孔、显微镜观察孔。上电极板中央有一个直径为 0.4 mm 的小孔，油滴从油雾杯经进油量开关落入油雾孔中，进入上、下电极板之间。油滴由高亮度发光二极管照明。油滴盒可由调平螺丝调节水平，并由水准泡进行检查。

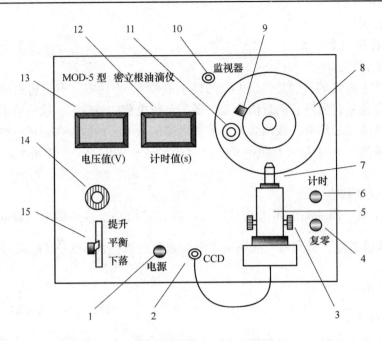

图 5.3.3 密立根油滴仪主机箱部件示意图

1—电源开关;2—CCD视频输入接口;3—调焦旋钮;4—复位键;5—显微镜;6—计时键;
7—物镜镜头;8—油滴盒;9—发光二极管照明;10—CCD视频输出插座;11—水准泡;12—计时显示;
13—电压显示;14—电压调节旋钮;15—电压转换开关

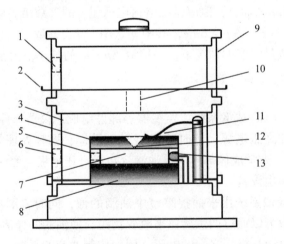

图 5.3.4 油滴盒装置示意图

1—喷雾口;2—进油量开关;3—防风罩;4—上极板;
5,6—显微镜观察孔;7—油滴室;8—下极板;9—油雾杯;
10,12—油雾孔;11—上极板压簧片;13—发光二极管

【实验内容】

1. 调整仪器

在打开主机箱电源之前,将仪器放平稳,调节仪器底部左右两只调平螺丝,使水准泡指示水平,这时平行极板处于水平位置。预热10分钟,利用预热时间从测量显微镜中观察,

如果分划板位置不正，则转动目镜头，将分划板放正，物镜镜头要插到底。

将油从油雾杯右侧的喷雾口喷入（喷一次即可），微调测量显微镜的调焦手轮，这时视场中即出现大量清晰的油滴，如夜空繁星。

对于 CCD 一体化的屏显密立根油滴仪，则从监视器荧光屏上观察油滴的运动。如油滴斜向运动，则可转动显微镜上的圆形 CCD，使油滴垂直方向运动。

注意：

油本身不带电荷，关键是喷雾的一瞬间，原本粘在一起的油被撕裂成许多小油滴，这些小油滴带电荷。喷雾器中注油约 5 mm 深，不能太多。喷雾时，喷雾器要竖拿，喷口对准油雾杯的喷雾口，切勿伸入油雾杯内。按一下橡皮球即可。因为机油本身具有一定的污染性，所以注意不要将油喷到油滴盒外面。

调整仪器时，如果需要打开有机玻璃油雾杯，应先将工作电压选择开关放在"下落"位置，以免触电。

使用监视器时，监视器的对比度放最大，背景亮度要稍暗些。

2. 练习测量

1）练习控制油滴。

喷入油滴前，注意将电压转换开关置于"下落"挡，此时平行极板上未加电压，以保证油滴可以经油雾杯落入极板之间，否则，油滴很难下落。在油滴下落过程中缓慢调节显微镜的调焦旋钮至油滴大部分较为清晰，待油滴已经布满显示屏时，调节电压转换开关至"平衡"挡（注意：喷油之前，已经将"平衡"的工作电压调节至 150 V 左右），驱走不需要的油滴，直到剩下几颗缓慢的运动为止。注视其中的某一颗，仔细调节平衡电压，使这颗油滴静止不动。然后去掉平衡电压，让它自由下降，下降一段距离后再加上提升电压，使油滴上升。如此反复多次地进行练习，以掌握控制油滴的方法。

2）练习测量油滴运动的时间。

任意选择几颗运动速度快慢不同的油滴，用计时器测出它们下降一段距离所需要的时间，或者加上一定的电压，测出它们上升一段距离所需要的时间。如此反复多练几次，以掌握测量油滴运动时间的方法。

3）练习选择油滴。

要做好本实验，很重要的一点是选择合适的油滴。选的油滴体积不能太大，太大的油滴虽然比较亮，但一般带的电荷量比较多，下降速度也比较快，时间不容易测准确。油滴也不能选得太小，太小则受空气分子碰撞而引起的布朗运动比较明显。通常可以选择平衡电压在 150~400 V 之间，在 2 mm 距离内油滴匀速下降的时间 t_f 在 10~30 s 内的油滴，其带电量和质量大小都比较合适。

3. 测量与数据处理

1）选油滴。调整好仪器后，按照上述练习测量的方法，根据实验需要选择一个或者多个合适的油滴进行测量。由于实验教学时间有限，一般可以选择一个带电荷量和质量符合上述要求的油滴。

2）一般采用动态测量法测量油滴电量较好。

选择合适的油滴后，分别记录平衡电压 U_e、提升电压 U 的数值，测量油滴在监视器的显示屏上 0 到 2 刻度线之间（对应上下极板之间的距离为 2 mm）的 10 组匀速下落时间 t_f 和匀

速上升时间 t_r，然后，根据式(5.3.8)、(5.3.9)，利用动态测量法计算油滴的带电荷量。

选做内容：

此处，也可以将上述数据代入(5.3.10)式，利用静态测量法计算油滴的带电荷量，并与动态测量法的测量结果进行比较。

3) 用倒过来验证法计算基本电荷的电荷量 e 的大小。如果实验时间允许，可以测量多个不同油滴的带电荷量，分别计算 e_i，取其平均值。

【注意事项】

(1) CCD 盒、紧定螺钉、摄像镜头的机械位置不能变更，否则会对像距及成像角度造成影响。(图 5.3.3)

(2) 仪器使用环境：温度为 0℃~40℃的静态空气中。

(3) 注意调整进油量开关(图 5.3.4)，应避免外界空气流动对油滴测量造成影响。

(4) 仪器内有高压电，实验人员避免用手接触电极板。

(5) 实验前应对仪器油滴盒内部进行清洁，防止异物堵塞落油孔。

(6) 注意仪器的防尘保护。

【思考题】

(1) 动态测量法与静态平衡测量法相比有哪些优点？

(2) 在动态测量法中，测量油滴匀速下落过程的目的是什么？测量油滴匀速上升过程的目的又是什么？

【附录】

(1) 标准状况指大气压强 $P = 1.01325 \times 10^5 \text{Pa}$，温度 $t = 20℃$，相对湿度 $\phi = 50\%$ 的空气状态。实际大气压强可以由气压表读出来。

(2) 由于油的密度远远大于空气的密度，即 $\rho_1 \gg \rho_2$，因此 ρ_2 相对于 ρ_1 来讲可以忽略不计。油的密度随温度变化关系见表 5.3.1。

表 5.3.1 油的密度随温度变化关系表

$T/℃$	0	10	20	30	40
$\rho/(\text{kg} \cdot \text{m}^{-3})$	991	986	981	976	971

(3) 其他数据参考如下：

d 为极板间距：$d = 5.00 \times 10^{-3} \text{m}$；

η 为空气黏滞系数：$\eta = 1.83 \times 10^{-5} \text{kg} \cdot \text{m}^{-1} \cdot \text{s}^{-1}$；

S 为下落距离：$S = 2.0 \times 10^{-3} \text{m}$；

ρ_1 为油的密度：$\rho_1 = 981 \text{ kg} \cdot \text{m}^{-3}$ (20℃)；

ρ_2 为空气密度：$\rho_2 = 1.2928 \text{ kg} \cdot \text{m}^{-3}$ (标准状况下)；

g 为重力加速度：$g = 9.8032 \text{ m} \cdot \text{s}^{-2}$ (沈阳)；

b 为修正常数：$b = 0.00823 \text{ N/m}(6.17 \times 10^{-6} \text{ m} \cdot \text{cmHg})$；

p 为标准大气压强：$p = 1.01325 \times 10^5 \text{ Pa}(76.0 \text{ cmHg})$。

5.4 动态法测油滴的电荷量

密立根油滴实验一般有动态法和静态法两种方法。静态法通过测量油滴的平衡电压和下落时间求出油滴的电荷量,在测量平衡电压时要经过较长时间的观察,判断油滴是否处于平衡状态,在这个过程中有布朗运动,会对油滴的位置产生很大的影响,因此平衡电压的测量会有很大的误差。动态法的特点是不需要测量平衡电压,实际测量的是在不同电压下油滴运动的时间,求出油滴的电荷量。

【实验目的】

(1) 学习用 OM99 CCD 微机密立根油滴仪测量油滴在不同电压下运动时间的方法。
(2) 学习动态法测量油滴电荷量的原理。
(3) 验证物体带电的量子化。

【实验原理】

一个质量为 m,带电量为 q 的油滴处在两块平行极板之间,在平行极板未加电压时,油滴受重力作用而加速下降,由于空气阻力的作用,下降一段距离后,油滴将作匀速运动,速度为 v_g,这时重力与阻力平衡(空气浮力忽略不计),如图 5.4.1 所示。根据斯托克斯定律,空气黏滞阻力为:

$$f_r = 6\pi a \eta' v_g \tag{5.4.1}$$

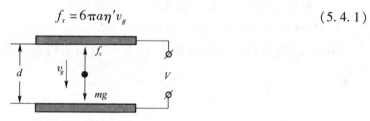

图 5.4.1 油滴在静电场中受力图

式中,η' 是空气的黏滞系数,a 是油滴的半径,油滴作匀速运动时有:

$$6\pi a \eta' v_g = mg \tag{5.4.2}$$

当在平行极板上加电压 V 时,油滴处在场强为 E 的静电场中,设电场力 qE 方向向上,大于重力,如图 5.4.1 所示,使油滴受电场力加速上升,由于空气阻力作用,上升一段距离后,油滴所受的空气阻力、重力与电场力,当三个力达到平衡时(空气浮力忽略不计),油滴将匀速上升,此时速度为 v_e,则有:

$$6\pi a \eta' v_e = qE - mg \tag{5.4.3}$$

又因为:

$$E = V/d \tag{5.4.4}$$

由上述(5.4.2)、(5.4.3)、(5.4.4)式可解出:

$$q = mg \frac{d}{V}\left(\frac{v_g + v_e}{v_g}\right) \tag{5.4.5}$$

为测定油滴所带电荷 q,除应测出 V、d 和速度 v_e、v_g 外,还需知道油滴质量 m,由于空气中悬浮力和表面张力作用,可将油滴看作圆球,其质量为:

$$m = 4/3\pi a^3 \rho \tag{5.4.6}$$

式中，ρ 是油滴的密度。

由(5.4.2)和(5.4.6)式，得油滴的半径：

$$a = \left(\frac{9\eta' v_g}{2\rho q}\right)^{\frac{1}{2}} \tag{5.4.7}$$

考虑到油滴非常小，空气已不能看成连续媒质，空气的黏滞系数 η' 应修正为：

$$\eta' = \frac{\eta}{1 + \frac{b}{pa}} \tag{5.4.8}$$

式中，b 为修正常数，p 为空气压强，a 为未经修正过的油滴半径，由(5.4.7)式计算。

由(5.4.5)~(5.4.8)式推出油滴的电荷量为：

$$q = \frac{18\pi d}{V(2\rho g)^{\frac{1}{2}}} \left(\frac{\eta l}{t_g}\left(1 + \frac{b}{pa}\right)^{-1}\right)^{\frac{3}{2}} \left(1 + \frac{t_g}{t_e}\right) \tag{5.4.9}$$

在(5.4.5)、(5.4.7)中，

$$v_g = \frac{l}{t_g}; \quad v_e = \frac{l}{t_e} \tag{5.4.10}$$

【实验装置】

密立根油滴实验有主机、监视器、喷雾器和实验用油组成。

1. OM99 CCD 微机密立根油滴仪介绍

OM99 CCD 微机密立根油滴仪(图5.4.2)由主机控制部分、CCD 成像系统和油滴盒等组成。

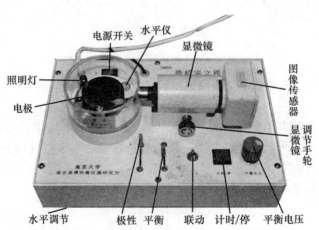

图 5.4.2　微机密立根油滴仪

1) 主机控制部分。

主机包括可控高压电源、计时装置、A/D 采样以及视频处理等单元模块。

2) CCD 成像系统。

CCD 成像系统包括 CCD 传感器和光学成像部件等。光学成像部件用来捕捉油滴室中的油滴,实验过程中可以通过调焦旋钮来改变物距,使油滴清晰地成像在CCD传感器的电子分划板上,同时通过CCD传感器将图像信息由光信号转化为少数载流子密度信号,在驱动脉冲的作用下顺序地移出CCD传感器,以此作为视频信号传给主机的视频处理模块。

3) 油滴盒。

油滴盒及外部构成如图5.4.3所示。两块经过精磨的金属圆板做成的上、下电极通过胶木圆环支撑,三者之间的接触面经过机械精加工后可以将极板间的不平行度和间距误差控制在0.01 mm以下。这种结构较好地保证了油滴室可以形成匀强电场,从而有效地减小了实验误差。胶木圆环上开有进光孔和一个观察孔,带聚光的高亮发光二极管作为光源通过进光孔给油滴室提供照明,而成像系统则通过观察孔捕捉油滴的像。油雾杯可以暂存油雾,使油雾不至于过早地散逸。油滴经进油量开关和上极板上的落油孔进入油滴室。利用进油量开关可以控制落油量,还可以防止灰尘等落入油滴盒。防风罩可以避免外界空气流动对油滴的影响。

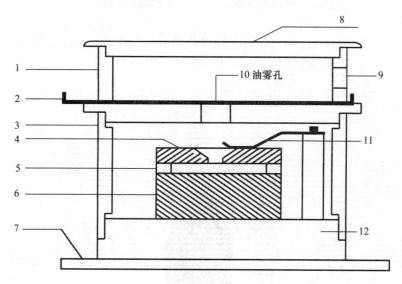

图5.4.3　油滴盒及外部构成

1—油雾杯;2—油雾孔开关;3—防风罩;4—上电极;5—油滴盒;6—下电极;7—座架;
8—上盖板;9—喷雾口;10—油雾孔;11—上电极压簧;12—油滴盒基座

2. 监视器

监视器(图5.4.4)用于接收主机输出的视频信号,将CCD成像系统观测到的图像显现出来。

3. 喷雾器和实验用油

1) 喷雾器(图5.4.5)。

储油腔内的实验用油经气囊挤压出的高速气流吸出,形成由大量油滴组成的高速油雾。油滴与空气发生摩擦使部分油滴带电,带电与不带电的油滴可以通过油滴在电场中的运动状态来区分。

2) 实验用油。

采用上海中华牌701型钟表油,直接从出口注入。

图 5.4.4 监视器

图 5.4.5 喷雾器

【实验内容】

(1) 检查并打开仪器,重点检查油滴洞是否堵塞。

(2) 用喷雾器喷入油滴,从油滴中选择一个平衡电压在 100 V 左右,自由下降时间在 5~30 s 之间的油滴,记录其提升电压和自由下落和上升 2 mm 的时间(记录于表 5.4.1)。

(3) 在平衡挡,先调压将油滴移动到上边,再将电压降低到 0 V,使油滴下落,配合计时开关,记录电压为 0 V 对应的下落时间 5 到 7 组(油滴下降距离取 $l = 2 \times 10^{-3}$ m)。

(4) 上升时先将油滴移动的下边,再将电压提高到某个值,使油滴上升,配合计时开关,记录电压和对应的上升时间 5 到 7 组(油滴上升距离取 $l = 2.00 \times 10^{-3}$ m)。

表 5.4.1　记录表提升电压：_____V　　　　平衡电压：_____V

项目	t_g/s	t_e/s
1		
2		
3		
4		
5		
平均		

相关常量数值的选取见表 5.4.2。

表 5.4.2　选取的相关常量值

物理量	$\rho/(kg \cdot m^{-3})$	$\eta/(kg \cdot m^{-1} \cdot s^{-1})$	$g/(m \cdot s^{-2})$	S/m	$b/m \cdot cmHg$	$p/cmHg$	d/m
数值	981	1.83×10^{-5}	9.8032	1.5×10^{-3}	6.17×10^{-6}	76.0	5.00×10^{-3}

【数据处理】

数据处理过程：
(1) 由公式 5.4.7 计算测量的油滴的半径 a。
(2) 计算 t_e、t_g 平均值。
(3) 由公式 5.4.9，代入表 5.4.2 的相关常量值和提升电压，计算油滴的电量 q。
(4) 计算油滴带电的量子数和误差($n = q/e$)。

【思考题】

(1) 动态法与静态法比较有什么优点？
(2) 如何避免匀速运动之前的加速过程对测量结果的影响？
(3) 实验进行中如果油滴像变模糊了怎么办？

5.5　光电效应及其应用

光电效应是指一定频率的光照射在金属表面时会有电子从金属表面逸出的现象。光电效应实验对于认识光的本质及早期量子理论的发展，具有里程碑式的意义。至今光电效应已经广泛地应用于各科技领域，利用光电效应中光电流与入射光强成正比的特性，可以制造光电转换器，实现光信号与电信号之间的相互转换。这些光电转换器如光电管等广泛应用于光功率测量、光信号记录、电影、电视和自动控制等诸多方面。光电倍增管是把光信号变为电信号的常用器件。光照射到阴极 K，使它发射光电子，光电子在电压作用下加速轰击第一阴极 K_1，使之又发射更多的次级光电子，这些次级光电子再被加速轰击第二阴极 K_2，如此继续下去，利用 10 多个倍增阴极，可以使光电子数增加 $10^5 \sim 10^8$ 倍，产生很大的电流。这样，一束微弱的入射光即被转变成放大了的光电流，并可通过电流计显示出来。这在科研、工程和军事上有着很广泛的应用。

【实验目的】

(1) 了解光电效应的规律,加深对光的量子性的理解。
(2) 测量光电管的弱电流特性,找出不同频率光的截止电压。
(3) 理解爱因斯坦光电效应方程,计算普朗克常数。
(4) 学习使用计算机制图软件,完成实验数据曲线的绘制。

【实验原理】

1. 光电效应

1887 年赫兹在用两套电极做电磁波的发射与接收的实验中,发现当紫外线照射到接收电极的负极时,接收电极间更易于产生放电。1899—1902 年赫兹的助手勒纳系统地研究了光电效应,发现光电效应的主要实验结果是无法用经典理论来解释的。对光电效应早期的工作所积累的基本实验事实是:

(1) 饱和光电流与光强成正比。
(2) 光电效应存在一个阈频率 ν_0(截止频率),当入射光的频率低于阈频率时,不论光的强度如何,都没有光电效应产生。
(3) 光电子的动能与光强无关,但与入射光的频率成线性关系。
(4) 光电效应是瞬时的,当入射光的频率大于阈频率时,一经光照射,立刻产生光电子。

1900 年德国物理学家普朗克(Plank)在研究黑体辐射时提出了辐射能量不连续的假设。1905 年爱因斯坦(Einstein)在总结了勒纳实验结果的基础上,将 Plank 的辐射能量不连续的假设做了重大发展,提出光并不是由麦克斯韦(Maxwell)电磁场理论提出的传统意义上的波,而是由能量为 $h\nu$ 的光量子(简称光子)构成的粒子流。光电效应的物理基础就是光子与金属(表面)中的自由电子发生完全弹性碰撞,电子要么全部吸收,要么根本不吸收光子的能量。据此,爱因斯坦对光电效应做出了完美的解释。爱因斯坦因为在理论物理,特别是光电效应理论方面的成就获得 1921 年的诺贝尔物理学奖。

著名的美国实验物理学家——密立根开始激烈反对光量子理论,他花费了 10 年的时间进行了一系列周密细致的实验研究,经历了许多挫折,克服了重重困难,终于在 1914 年从实验上获得了爱因斯坦方程在很小的实验误差范围内精确有效成立的第一次直接实验证据,并且第一次直接用光电效应实验测定了普朗克常数 h,精确度在 0.5% 范围内。密立根的光电效应实验令人信服地证明了爱因斯坦方程是完全正确和普遍适用的。这一实验成果成为 20 世纪实验物理学的最突出成就。密立根因在电子电荷测量和光电效应实验所取得的成就获得了 1923 年诺贝尔物理学奖。

光量子理论在固体比热、辐射理论、原子光谱等方面都获得成功,人们逐步认识到光具有波动和粒子两种属性。光子的能量 $E = h\nu$ 与频率有关。光在传播时,显示出光的波动性,产生干涉、衍射、偏振等现象;光和物体发生作用时,它的粒子性又凸显出来。后来科学家发现波粒二象性是一切微观物体的固有属性,并发展了量子力学来描述和解释微观物体的运动规律,使人们对客观世界的认识前进了一大步。

2. 普朗克常数的测量

由爱因斯坦的光电效应方程，如果电子脱离金属表面耗费的能量为 A，则由于光电效应而逸出金属表面的电子的初动能为：

$$E_k = \frac{1}{2}mv^2 = h\nu - A \tag{5.5.1}$$

式中，m 为电子的质量；v 为光逸出金属表面的光电子的初速度；ν 为光电子的频率，A 为光照射的金属材料的逸出功。(5.5.1)式中 $\frac{1}{2}mv^2$ 是没有受到空间电荷阻止、从金属中逸出的光电子的初动能。由此可见，入射到金属表面的光的频率越高，逸出电子的初动能也越大。正因为光电子具有初动能，所以即使在加速电压 U 等于零时，仍然有光电子落到阳极而形成光电流，甚至当阳极的电位低于阴极的电位时也会有光电子落到阳极，直到加速电压为某一负值 U_S 时，所有光电子都不能到达阳极，光电流才为零，U_S 被称为光电效应的截止电压。这时：

$$eU_S - \frac{1}{2}mv^2 = 0$$

从而可得：

$$eU_S = h\nu - A \tag{5.5.2}$$

由于金属材料的逸出功 A 是金属的固有属性，对于给定的金属材料，A 是一个定值，它与入射光的频率无关。因此，当光的频率小于某一值时，就不会产生光电效应。能产生光电效应的最低频率，叫做这种金属产生光电效应的截止频率 ν_0。某些金属的截止频率如表 5.5.1 所示。

表 5.5.1 某些金属的极限频率

金属	极限频率 ν_0/Hz
铯	4.55×10^{14}
钾	5.38×10^{14}
锌	8.07×10^{14}
金	11.3×10^{14}
银	11.5×10^{14}
铂	15.3×10^{14}

具有截止频率 ν_0 的光子的能量恰等于逸出功 A，即 $A = h\nu_0$，所以由(5.5.2)式，得：

$$eU_S = \frac{h\nu}{e} - \frac{A}{e} = \frac{h}{e}(\nu - \nu_0) \tag{5.5.3}$$

(5.5.3)式表明：截止电压 U_S 是入射光频率 ν 的线性函数。当入射光的频率 $\nu = \nu_0$ 时，截止电压 $U_S = 0$，没有光电子逸出，(5.5.3)式的斜率 $k = \frac{h}{e}$ 是一个常数。可见，只要用实验做出不同频率下的截止电压 U_S 与入射光频率 ν 的关系曲线——直线，用一元线性最小二乘法求出此直线的斜率 k，就可通过 $k = \frac{h}{e}$ 求出普朗克常数 h 的数值（电量 $e = 1.6 \times 10^{-19}$C）。

图 5.5.1 是利用光电效应测量普朗克常数的原理图。将频率为 ν、强度为 P 的光照射光

电管阴极，即有光电子从阴极逸出。如图 5.5.1(a)所示，在阴极 K 和阳极 A 之间加有反向电压 U，它使电极 K、A 间的电场对阴极逸出的光电子起减速作用。随着电压 U 的增加，到达阳极的光电子将逐渐减少，当 $U = U_s$ 时光电流降为零。图 5.5.1(b)中虚线为光电管在 U 为负值时起始部分的伏安特性曲线。

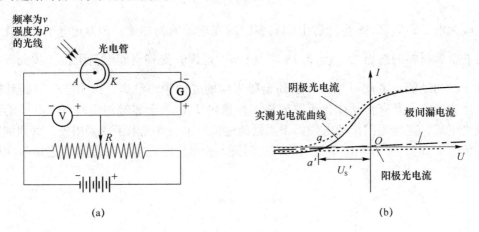

(a)　　　　　　　　　　　(b)

图 5.5.1　光电效应实验原理图及光电管的伏安特性曲线
(a) 测量普朗克常数原理图；(b) 光电管的伏安特性曲线

值得注意的是：光电管的极间漏电、入射光照射阳极或入射光从阴极反射到阳极之后都会造成阳极光电子发射，它们虽然很小，但是构成了光电管的反向光电流，如图 5.5.1(b)中虚线(阳极光电流)和点画线(极间漏电流)。由于它们的存在，使光电流曲线下移，如图 5.5.1(b)中实线所示(实测光电流)，光电流的截止电位点也从 U_s 移到 U_s' 点(图中未画出)。当反向光电流比正向光电流小得多时，U_s' 与 U_s 重合。因此，测出截止电压 U_s' 即测出了截止电压 U_s。测量不同频率 ν 对应的截止电压 U_s，作 U_s—ν 关系曲线。若是直线，就证明了爱因斯坦光电效应方程的正确性。此外，由该直线与坐标横轴的交点可求出该光电管阴极的截止频率 ν_0，该直线的延长线与坐标纵轴的交点又可求出光电极的逸出电位 U_0，由此可得该材料的逸出功 $A = eU_0$ 或 $A = h\nu_0$。

【实验装置】

光电效应实验仪由汞灯及汞灯光源、滤色片、光阑、光电管、测试仪(含光电管光源和微电流放大器)构成，仪器结构如图 5.5.2 所示。测试仪的调节面板如图 5.5.3 所示。

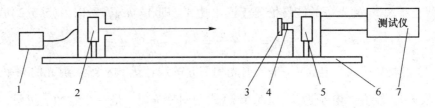

图 5.5.2　仪器结构示意图
1—汞灯电源；2—汞灯；3—滤色片；4—光阑；5—光电管；6—基座；7—测试仪

第5章 近代物理与综合设计性实验

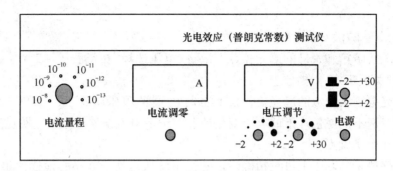

图 5.5.3　测试仪前面板图

光源：采用高压汞灯，可用谱线波长分别为 365.0 nm、404.7 nm、435.8 nm、546.1 nm、577.0 nm。

干涉滤光片：它能使光源中某种谱线对应的光透过，而不允许其附近的谱线对应的光通过，因而可获得所需要的单色光。本仪器配有五种滤光片，可透过谱线波长分别为：365.0 nm、404.7 nm、435.8 nm、546.1 nm、577.0 nm。

光阑：3 片，直径分别为 2 mm、4 mm、8 mm。

光电管：光谱响应范围 320~700 nm，暗电流：$I \leqslant 2 \times 10^{-12}$ A（$-2\text{ V} \leqslant U \leqslant 0\text{ V}$）。

光电管电源：2 挡，-2 ~ $+2$ V、-2 ~ $+30$ V，三位半数显，稳定度 $\leqslant 0.1\%$。

微电流放大器：6 挡，10^{-8}—10^{-13} A，分辨率 10^{-14} A，三位半数显，稳定度 $\leqslant 0.2\%$。

【实验内容】

1. 仪器的调整

1) 仪器的预热。

（1）将光电管暗箱和汞灯的遮光盖盖上，接通汞灯及测试仪电源，预热 20 分钟。

（2）将汞灯光输出口对准光电管光输入口，调整光电管与汞灯距离约为 40 cm 并保持不变。

（3）将测试仪电压输出端（后面板上）与光电管暗箱电压输入端连接起来（红线与红线相连，蓝线与蓝线相连）。

注意：如果点亮的汞灯熄灭，那么需经 10~20 分钟冷却后才能再开。

2) 测试仪的调零。

（1）将光电管暗箱和汞灯的遮光盖盖上，"电流量程"选择开关置于 10^{-13} 挡位，仪器在充分预热后，进行测试前调零，旋转"电流调零"旋钮使"电流表"指示为 000.0。

（2）用高频匹配电缆将光电管暗箱电流输出端 K 与测试仪微电流输入端（在后面板上）连接起来。

2. 测量普朗克常数 h

1) 测量光电管的暗电流。

（1）将"电压选择"按键置于 -2 ~ $+2$ V 挡。

（2）逆时针缓慢调节"电压调节"旋钮，使测量起始电压为 -1.990 V，测量从 -2 V ~ $+2$ V 不同电压下相应的电流值（电流值 = 倍率 × 电流表读数）。此时所测的电流为光电管的暗电流。

2）测量光电管的伏安特性曲线。

（1）将光电管暗箱和汞灯的遮光盖盖上，将"电压选择"按键置于 -2 V~+2 V 挡，"电流量程"选择开关置于 10^{-13} 挡位。

（2）取下光电管暗盒上的遮光盖，换上滤光片。将"电压调节"从 -1.990 V 调起，缓慢增加，先观察一遍不同滤色片下的电流变化情况，记下电流偏离零点发生明显变化的电压范围，以便多测几个实验点。

（3）在粗略测量的基础上进行精确测量并记录。从短波长起小心地逐次更换滤色片（切忌改变光源和光电管暗箱之间的相对位置），仔细读出不同频率入射光照射下的光电流随电压的变化数据，并记录在表 5.5.2 中。

表 5.5.2　入射光波长为 _____ Å 的 I—U 曲线的数据表

U/V	-1.990							
$I/(\text{A}\times 10^{-13})$								
U/V								
$I/(\text{A}\times 10^{-13})$								
U/V								
$I/(\text{A}\times 10^{-13})$								

【注意事项】

（1）将光电管暗箱和汞灯的遮光盖盖上，测试仪及汞灯均需预热 20 分钟以上才能做实验。

（2）滤光片要放在光电管上，不能放在汞灯上。每次更换滤光片时，必须先用遮光盖将汞灯盖住。

（3）应保护好滤光片的表面，防止打碎。当完成实验时，应立即将光电管盖上遮光盖，并将滤光片收入滤光片盒中，盖好盒盖。

【数据处理】

（1）在计算机上使用绘图软件（如：Origin 7.0、Advanced Grapher、Excel 等），将测得数据输入计算机，使曲线显示在计算机上，调整坐标使显示比例适当。与本书示例曲线（图 5.5.4）对比，观察曲线形状和抬头点随波长变化的趋势，自我检查数据的正确性。

（2）从曲线中认真找出如图 5.5.4 所示的各反向光电流开始变化的抬头点，确定截止电压 U_s，记录在表 5.5.3 中。

（3）用一元线性最小二乘法处理数据，求得 h。

（4）求 h 的不确定度，表示测量结果。

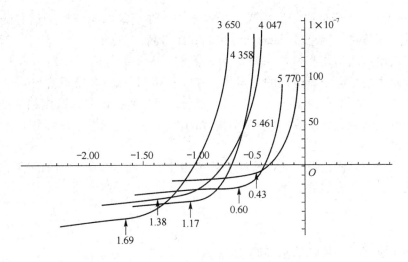

图 5.5.4　光电效应实验实测曲线

表 5.5.3　$\nu - U_s$ 数据表

波长/nm	365	405	436	546	577
频率 $\nu/(\mathrm{Hz}\times 10^{14})$	8.22	7.41	6.88	5.49	5.20
U_s/V					

【思考题】

（1）什么是截止频率，什么是截止电压，什么是光电管伏安特性曲线？

（2）实验中如何确定截止电压？

（3）如何由光电效应测量普朗克常数？

（4）关于光电效应的说法正确的是：

A. 只要入射光的强度足够强，照射时间足够长就一定会产生光电效应。

B. 光电子的最大初动能随入射光的强度增大而增大。

C. 在光电效应中，饱和光电流的大小与入射光的强度无关。

D. 任何金属都有极限频率，低于这频率的光不能发生光电效应。

（5）若 3.5 eV 能量的光子照射某金属产生光电效应时，光电子的最大初动能为 1.25 eV，则要使这金属发生光电效应，照射光的频率不能小于：

A. 3.02×10^{14} Hz　　　B. 5.43×10^{14} Hz

C. 10.86×10^{14} Hz　　D. 13.87×10^{14} Hz

5.6　全息照相实验

与普通照相相比，全息照相有两个突出的特点：一是三维立体性，二是可分割性。这是因为全息照相与普通照相的方法截然不同。普通照相在胶片上记录的只是物光波的振幅信息

（仅体现光强分布），而全息照相利用光的干涉原理，在记录物光波振幅信息的同时，还记录了物光波的位相信息，全息(holography)也因此而得名。

全息术最初由英籍匈牙利科学家丹尼斯·盖伯(Dennis. Gabor)于1948年提出，他的目的是想利用全息术提高电子显微镜的分辨率，在布拉格(Bragg)和策尼克(Zernike)研究的基础上，盖伯找到了一种避免位相丢失的技巧；但是由于这种技术要求高度相干性和高强度的光源而一度发展缓慢。直到1960年，随着激光的出现，才使光学全息照相技术的研究与应用得到迅速发展。

光学全息照相在精密计量、无损检测、遥感测控、生物医学等方面的应用日益广泛，全息照相技术已成为科学发展的一个新领域。

【实验目的】

(1) 了解全息记录、再现的基本原理。
(2) 了解全息照相的主要特点，掌握全息片光路的调整及拍摄方法。
(3) 掌握全息图的再现的方法。

【实验原理】

光波是电磁波，决定波动特性的参数是振幅和位相。振幅表示光的强弱；位相表示光在传播中各质点所在的位置及振动的方向，因此，光的全部信息用振幅和位相来表示。

普通照相利用透镜成像原理，仅记录了物光波的振幅信息，却没有记录来自物光波的位相信息，无立体感。

全息照相利用光的干涉原理，记录了物光波的全部信息——振幅和位相，具有两个突出的特点：一是三维立体性，二是可分割性。

所谓三维立体性是指全息照片再现出来的像是三维立体的，具有如同观看真实物体一样的立体感，这一性质与现有的立体电影有着本质的区别。所谓分割性是指全息照片的碎片照样能反映出整个物体的像，并不会因为照片的破碎而失去像的完整性。

由惠更斯—菲涅尔原理可知：被摄物体散射的光波可看作是其表面上各物点发出的元波总和。可表示为：

$$O(r,t) = \sum_{i=1}^{n} \frac{A_i}{r_i} \cos\left(\omega t + \varphi_i - \frac{2\pi r_i}{\lambda}\right) \tag{5.6.1}$$

一个物点的物光波形成一组干涉条纹，记录介质上的干涉图样就是许多不同疏密、不同走向、不同反差的干涉条纹组，这些干涉条纹组就是被拍摄物的全息图。当用光波照射在全息图的特定位置时，由于衍射原理能重现出原始物光波，从而形成与原物体相同的三维像。

全息照相包括两个过程：波前记录过程和波前再现过程。

1. 全息照相波前记录

由光的干涉原理可知，形成稳定干涉的条件是：两列波的频率相同、相位差恒定、振动方向相同。

我们以透射式全息图的记录过程说明：透射式全息图记录的一般光路如图5.6.1所示。自激光器输出的光经分束镜BS分为两束：一束经全反射镜M_1反射，经扩束镜L_1扩束后照射到物体上，再经被记录物体表面漫散射到记录介质H上，作为物光；另一束经全反射镜

M₂ 反射,再经扩束镜 L₂ 扩束后,直接照射到记录介质 H 上作为参考光。

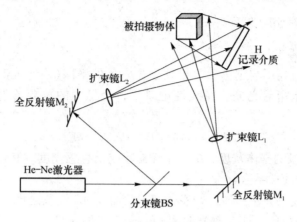

图 5.6.1 全息照相的记录光路图

设记录介质 H(通常用卤化银底板)的表面为直角坐标系 xoy 平面内,物光和参考光在 H 面上分别为:

$$O(x,y) = O_0(x,y)\exp[j\varphi_o(x,y)] \tag{5.6.2}$$

$$R(x,y) = R_0(x,y)\exp[j\varphi_r(x,y)] \tag{5.6.3}$$

式中,$O_0(x,y)$、$R_0(x,y)$ 分别为物光波和参考光波的振幅分布,均为实数;$\varphi_o(x,y)$、$\varphi_r(x,y)$ 分别为物光波和参考光波的位相分布也均为实数。

通常,用相对于坐标原点处的位相差来表示考察点处光波复振幅的位相分布。若位相差为正,表示该点位相滞后于原点;若位相差为负,则表示该点位相超前于原点。对于记录介质 H 面上任意点 $P(x,y)$,有:

$$\varphi_o(x,y) = k(r_o - l_o) \tag{5.6.4}$$

$$\varphi_r(x,y) = k(r_r - l_r) \tag{5.6.5}$$

式中,k 为记录光波的波数,当波长为 λ 时,$k = 2\pi/\lambda$;r_o、r_r 分别为物点和参考点光源到考察点 $P(x,y)$ 的距离;l_o、l_r 分别为物点和参考点光源到坐标原点 O 的距离。

在记录介质平面 H 上的光场复振幅分布为:

$$U(x,y) = O(x,y) + R(x,y) \tag{5.6.6}$$

其光强分布为:

$$\begin{aligned} I(x,y) &= U(x,y) \cdot U^*(x,y) \\ &= R(x,y) \cdot R^*(x,y) + O(x,y) \cdot O^*(x,y) \\ &\quad + O(x,y) \cdot R^*(x,y) + R(x,y) \cdot O^*(x,y) \end{aligned} \tag{5.6.7}$$

当物光波和参考光波都由点源产生时,得到的全息图称为基元全息图。

对于基元全息图,光强分布可表示为:

$$\begin{aligned} I(x,y) &= O_0^2 + R_0^2 + O_0 R_0 \exp[j(\varphi_o - \varphi_r)] \\ &\quad + O_0 R_0 \exp[-j(\varphi_o - \varphi_r)] \\ &= O_0^2 + R_0^2 + 2 O_0 R_0 \cos(\varphi_o - \varphi_r) \end{aligned} \tag{5.6.8}$$

式中,第一项 O_0^2 和第二项 R_0^2 分别是物光波与参考光波各自独立照射底版时的光强度,合起来是背景光强。第三项 $2O_0 R_0 \cos(\varphi_o - \varphi_r)$ 的大小是周期变化的,代表两个波之间的相干效

应，受余弦调制，把物光波的位相信息转化成不同光强的干涉条纹，记录在处于干涉场中的记录介质 H 上，条纹对比度为 $V = \dfrac{2|O\|R|}{|O|^2+|R|^2}$。

2. 全息照相波前再现

曝光后的底版经过显影与定影后，得到透光率各处不同（由曝光时间及光强分布决定）的全息片，相当于一幅衍射光栅。在线性记录下，全息图的振幅透射系数 $T_H(x, y)$ 可表示为：

$$T_H(x, y) = T_0 + \beta E(x, y) \tag{5.6.9}$$

式中，T_0 为线性区背景的整体灰度；β 为综合常数或全息感光度，其值等于 T—E 曲线上直线部分的斜率（或称为线性系数）。

线性记录就是要使曝光量 $E(x, y)$ 落在 T—E 曲线 AB 线段之间，如图 5.6.2 所示。曝光量 $E(x, y)$ 等于光强 $I(x, y)$ 与曝光时间 t 的乘积，即：

$$E(x, y) = I(x, y)t \tag{5.6.10}$$

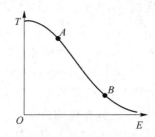

图 5.6.2　透射率与曝光量的关系曲线

将(5.6.10)式及(5.6.8)式代入(5.6.9)式，得：

$$\begin{aligned}T_H(x, y) &= T_0 + \beta t I(x, y) \\ &= T_0 + \beta t [O_0^2 + R_0^2 + 2OR\cos(\varphi_o - \varphi_r)]\end{aligned} \tag{5.6.11}$$

波前再现就是用照明光（一般使用与参考光波相似的光波）照射全息图，使被记录的物光波再现出来。如图 5.6.3 所示，若照明光波的复振幅为 $C(x, y)$，可表示为：

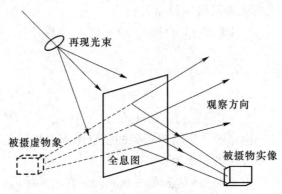

图 5.6.3　波前再现光路示意图

$$C(x, y) = C_0(x, y)\exp[j(\varphi_C(x, y))] \tag{5.6.12}$$

透过全息图的光波复振幅用 $U'(x, y)$ 表示，则：

$$U'(x, y) = C(x, y)T_H(x, y) \tag{5.6.13}$$

当研究衍射波的特点而不考虑光能的分配时，可忽略其中的常数项，并将其复振幅记为 1，这样透过全息图的光波复振幅可简单地写为：

$$\begin{aligned}U'(x,y) &\propto C(x,y) \cdot I(x,y) \\ &= C(OO^* + RR^* + OR^* + O^*R) \\ &= C(O_0^2 + R_0^2)\exp(j\varphi_C) + \\ &\quad C_0 R_0 O_0 \exp[j(\varphi_C + \varphi_o - \varphi_r)] + \\ &\quad C_0 R_0 O_0 \exp[j(\varphi_C - \varphi_o + \varphi_r)]\end{aligned} \quad (5.6.14)$$

(5.6.14)式表明：在全息图出射面上的衍射波波前由四个分波场组成。

第一分波场为：

$$U'_1 = C_0 R_0^2 \exp(j\varphi_C) \quad (5.6.15)$$

它表示直接透过全息图的振幅，是被衰减了的照明光波波前，其传播方向与照明光波的方向相同，是直射光的一部分。

第二分波场为：

$$U'_2 = C_0 O_0^2 \exp(j\varphi_C) \quad (5.6.16)$$

它也是振幅被衰减了的照明光波波前，直射光的另一部分。应注意：(5.6.16)式是假定物体是一个点源。当物体有一定大小时，应将物体看成是无数个点物构成的，投射到记录平面上的物光波是所有物点发出的子波相干叠加的结果。这时：

$$O(x,y) = \sum_i O_i(x,y) \quad (5.6.17)$$

物光波的自相干光强分布为：

$$I_0(x,y) = O(x,y) \cdot O^*(x,y) = \sum_i |O_i|^2 + 2\sum_{i \neq j} (O_i \cdot O_j^*) \quad (5.6.18)$$

因而，当物体有一定大小时，(5.6.16)式中的 O_0^2 应当用(5.6.18)式的 $I_0(x,y)$ 代替，即：

$$U'_2 = \sum_i |O_i|^2 + 2\sum_{i \neq j} (O_i \cdot O_j^*) C_0 \exp(j\varphi_C) \quad (5.6.19)$$

(5.6.19)式的第一项是物体各点的自相干项，再现时形成直射光，第二项是物体各点之间的互相干项。因为物体上各点相距很近，在全息记录时，互相干项所产生的干涉条纹的空间频率很低。在波前再现的过程中，其衍射波偏离直线光的角度很小，因而互相干项所产生的衍射光弥散在直射光附近，形成一种晕轮光。因此，在记录时将物光和参考光的夹角适当增大，以避免互相干项对再现物像的干扰。

第三分波场为：

$$U'_3 = C_0 R_0 O_0 \exp[j(\varphi_C + \varphi_o - \kappa_r)] \quad (5.6.20)$$

带有物光波 O 的信息，当用记录时的参考光为照明光时，$U'_3(x,y)$ 变为：

$$U'_3 = R_0^2 O_0 \exp j(\varphi_o) \quad (5.6.21)$$

对比 $U'_3(x,y)$ 与 $O(x,y)$，仅振幅大小不同，所以 $U'_3(x,y)$ 是物光波的再现，再现像称为原始像，此像为虚像。如果不是原参考光，则只能在一定的角度才能获得原始像。

第四分波场为：

$$U'_4 = C_0 R_0 O_0 \exp[j(\varphi_C - \varphi_o + \varphi_r)] \quad (5.6.22)$$

在(5.6.22)式中，带有与物光波共轭的信息 $O^*(x,y) = O_0\exp(-j\varphi_o)$，所以它能够再现出共轭物光波，称为共轭像。当物光波是发散球面波时，共轭光波是会聚光。当原始像是虚像时，共轭像是实像。位相因子$(\varphi_C - \varphi_r)$和$(\varphi_C + \varphi_r)$的作用是改变再现光波的位相。当参考光波和照明光波都为平面波时，只改变像光波的方向，即像的位置；当为球面波，就要改变像光波的曲率，即改变像的大小。若用参考光的共轭光波照明，它（在全息图平面上）的光场分布为$R^*(x,y)$，于是有：

$$U'(x,y) \propto R(x,y)^* I(x,y) \qquad (5.6.23)$$
$$= (O_0^2 + R_0^2)R^* + OR^*R^* + O^*R_0^2$$

在这种情况下，第三项中因有附加相位项$2\varphi_r$，因此，虚像发生畸变，即光波传播方向偏离原物光波的传播方向；而第四项由$O^*(x,y)$所产生的实像则不发生任何畸变，即沿着物光波的共轭波的方向传播。注意：是在两倍于参考光偏角的方向上会聚成共轭实像。

【实验装置】

（1）相干光源：选用氦—氖激光器，波长为632.8 nm。

（2）全息防震平台：由于全息图记录的干涉条纹很细密，所以在曝光时间内，要求记录环境（包括全息平台）所引起的条纹漂移不能超过1/4条。为此，要求平台有较好的抗震性能，防止平台的固有频率与外界干扰的振动频率产生共振。

（3）光学元件。

① 分束镜：它可将入射光分成透过光和反射光两部分，用透过率表示分束的性能。如透过率为85%，表示透射光与反射光分别占入射光强的85%与15%。

② 平面反射镜 M：其核心是一平面镜，用来在光路中改变光的传播方向，并调整光的角度。

③ 扩束镜 L：能扩大激光束的光斑。其核心是一片凸透镜，能使入射的平行光会聚，经过焦点后发散成光锥。

（4）记录介质（全息底片）：首先要求有较高的分辨本领，一般要在1 000～3 000 条线/mm，其次是底片处理后的透过率与曝光量成线性关系，以满足记录和再现的要求。

（5）计时器：放在激光器的出口来控制全息感光板的曝光时间。

（6）暗室冲洗设备：显影液、定影液、冲洗设备等。

【实验内容】

1. 调节与拍摄

学习光路的布置及全息照相各类设备、仪器的检查技术。为使物光束与参考光束满足光的干涉条件，做如下调整：

（1）首先调节激光束的准直，然后调节各个光学元件的中心，使其在同一水平高度上。这样做，满足了光干涉的什么条件？

（2）按图5.6.1中各个元件的位置放好并进行调节。在实验中，分束镜起什么作用？若用透过率为85%的分束镜，考虑透过光和反射光哪一束更适于作为物光波。

（3）使物光束和参考光束到记录介质 H 上的光程尽量相等，一般不超过2 cm（为什么？）。为避免再现时照射光直射观察者的眼睛，二者的夹角一般在30°～45°之间。

（4）调M_1的倾角，使物光束照射在物体的中间部位，调M_2的倾角，使参考光束射在全息干板的中部，与物光重叠。

(5) 加入扩束镜 L_1，调节其支架的高度并前后移动，使扩束后的光线将物体全部照亮；再加入扩束镜 L_2，调节其支架的高度并前后移动，使参考光直接对准白屏。注意：通常要求参考光与物光束的光强比在 2∶1 ~ 6∶1 之间，以得到较高衍射效率的全息图。

(6) 拍照、冲洗。关闭照明灯，安装全息干板后，根据总光强确定曝光时间进行曝光，对于 1.2 ~ 1.5 mW 的氦氖激光器，时间可控制在 8 ~ 10 s。在弱绿光下显影、停影、定影，便可得到一张全息图。注意：显影和定影时间的长短主要取决于药方和药液的温度。

2. 观察、分析全息图

1) 观察全息图。

(1) 用清水冲洗并干燥全息片，用扩束镜将激光扩束，照射在全息图上，并使全息图与光照方向所成的角度满足记录全息图时记录介质与参考光的夹角，然后，沿原物光的方向观察，即可看到虚像。

(2) 将底片绕垂直轴转 180°，用会聚光（即参考光的共轭光）或未被扩束的平行光照明底片，用毛玻璃接收实像。记下底片和实像相对于激光器的位置。

(3) 平移全息底片，使其向光源靠近或远离，观察像的变化。

2) 分析全息图。

(1) 为什么在全息图上能看到三维像而普通照片只能看到二维像？

(2) 讨论像与再现照明光波、物光波和参考光波的复振幅关系，像与再现照明光波、物光波和参考光波的位相关系。

(3) 用一张带有直径为 5 mm 小孔的黑纸贴近全息底片，人眼通过小孔观察全息虚像，看到的是再现的像的全部还是局部？移动小孔的位置，看到的虚像有何不同？

【注意事项】

(1) 严禁用手触摸所有光学元件的表面。千万不要直视经过聚焦的激光光束或者由镜面反射回来的聚焦光束，以免造成视网膜的损伤。观察光斑时，应将激光照射在毛玻璃上。

(2) 拍摄全息照片时，室内要保持安静，千万不要触及防振平台。

(3) 在本实验中，曝光时间、显影时间以及光路都不是唯一的，需要根据实际情况调整到最佳状态。

【思考题】

(1) 全息照相的主要特点是什么？它与普通照相有什么不同？

(2) 要尽量使物光和参考光的光程相等，其目的是什么？

(3) 怎样才能获得理想的全息照片？

(4) 全息技术有哪些重要的应用？（按不同专业考虑不同的应用方向。）

5.7 傅里叶变换全息图存储

物体的信息由物光波所携带，全息记录了物光波，也就记录下了物体所包含的信息。物体信号可以在空域中表示，也可以在频域中表示，也就是说，物体或图像的光信息既表现在它的物体光波中，也蕴含在它的空间频谱内。因此，用全息方法既可以在空域中记录物光波,也可以在频域中记录物频谱。物体或图像频谱的全息记录,就为傅里叶变换全息图。

傅里叶变换全息图在全息术及光信息处理中具有重要作用。一般地,傅里叶变换全息图分为标准傅里叶变换全息图(通常称傅里叶变换全息图)、准傅里叶变换全息图和无透镜傅里叶变换全息图。

利用傅里叶变换全息技术进行资料的存储,既体现了傅里叶变换的数学思想,又体现了物理思想。既有傅里叶变换和 $4f$ 系统的内容,又有全息技术和复杂的光路调整,体现了较强的综合性和技术性。

【实验目的】

(1) 了解傅立叶变换全息图像存储的基本原理。
(2) 掌握全息图像的存储及信息提取的方法。
(3) 了解傅里叶变换全息的思想与全息思想的融合。

【实验原理】

1. 透镜的变换性质

透镜可视为相位型衍射屏,能改变入射光波的空间相位分布。

透镜的折射率比空气的大,光通过透镜的不同部位产生的相位落后不同,且与透镜的厚度成比例。如果光波通过透镜只有位相落后而没有横向位移,我们称这种透镜为薄透镜。对于一个波长为 λ ,沿 z 轴正方向传播的平面波,入射到一个中心位于 xyz 坐标系 z 轴的薄透镜上,那么从该透镜出射的光波可看作穿过具有透过率为:

$$T(x,y) = \exp[-j\Delta\varphi(x,y)] \tag{5.7.1}$$

的透明片所产生,其中 $\Delta\varphi$ 是光波入射到透镜(焦距为 f)前后表面上所发生的总的位相变化,它可表示为如下形式:

$$\Delta\varphi = (\pi/\lambda f)(x^2 + y^2) \tag{5.7.2}$$

将(5.7.2)式代入(5.7.1)式,得到位于透镜中心平面 xy 面上透镜透过率的二维分布:

$$T(x,y) = \exp[-(j\pi/\lambda f)(x^2 + y^2)] \tag{5.7.3}$$

这样,穿过透镜出射光波的复振幅 E_t 等于入射光波的复振幅 E_i 和透射率 $T(x,y)$ 的乘积,即:

$$E_t = E_i \exp[-(j\pi/\lambda f)(x^2 + y^2)] \tag{5.7.4}$$

(5.7.4)式中的指数项可解释为一对球面波的二次曲面近似。平面波通过正透镜后会聚于焦点处,通过负透镜成为发散的球面波。正透镜的特性之一就是能够进行二维傅里叶变换。

2. 傅里叶变换全息记录过程

傅里叶变换全息图不是记录物体光波的本身,而是记录物体光波的空间频谱,即记录它的傅里叶变换谱分布。因此,傅里叶变换全息图就是物体频谱的全息图。

根据透镜的傅里叶变换性质,若透明图片置于透镜的前焦面上,则在与照明光源共轭的平面上可得到物光波的频谱。在这个平面上放上记录介质,并引入参考光即可记录傅里叶全息图。

利用 $4f$ 光信息处理系统,傅里叶变换全息的记录原理是:采用轴向平行光照明物体时,记录平面在透镜的后焦面上,用截面很小的平面波为参考光。如图 5.7.1 所示。

第 5 章 近代物理与综合设计性实验

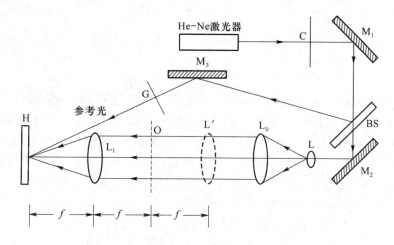

图 5.7.1 傅里叶全息图像存储的实际光路

M_1、M_2、M_3—反射镜；BS—分束镜；L—扩束镜；L_0—准直镜；
O—透光资料；G—光阑；C—快门；L_1—傅氏镜；L'—透镜；H—全息干板

下面分析记录过程，如图 5.7.2 所示：设物光波的复振幅分布为 $O(x_0, y_0)$，则在透镜后焦面上的频谱分布为：

$$O(\zeta, \eta) = \iint_{-\infty}^{\infty} O(x_0, y_0) \exp[-j2\pi(\xi x_0 + \eta y_0)] dx_0 dy_0 \qquad (5.7.5)$$

式中，$\xi = x/\lambda f$，$\eta = y/\lambda f$，ξ、η 为空间频率，f 是透镜焦距，x，y 是后焦面上的位置坐标。

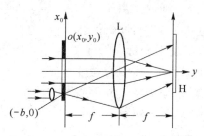

图 5.7.2 傅里叶变换全息图的记录原理示意图

在透镜前焦面上点 $(-b, 0)$ 处的参考点光源的复振幅可用 δ 函数表示，即：

$$r(x_0, y_0) = R_0 \delta(x_0 + b, y_0) \qquad (5.7.6)$$

在透镜后焦面上，参考光波为平行光，其光场分布为：

$$R(\xi, \eta) = F\{R_0 \delta(x_0 + b, y_0)\} = R_0 \exp(j2\pi b\xi) \qquad (5.7.7)$$

(5.7.7) 式中的 F 表示傅里叶变换。于是，在记录平面上两相干光场的合光强分布为：

$$\begin{aligned} I(\xi, \eta) &= |O(\xi, \eta) + R(\xi, \eta)|^2 \\ &= |O(\xi, \eta)|^2 + |R(\xi, \eta)|^2 \\ &\quad + O(\xi, \eta) \cdot R_0 \exp(-j2\pi\xi b) + O^*(\xi, \eta) \cdot R_0 \exp(j2\pi\xi b) \end{aligned} \qquad (5.7.8)$$

设透明图片的透过率为 $o(x_0, y_0)$，在其记录平面上（即频谱面上）得到它的傅里叶变换（F 表示傅里叶变换）应为：

$$O(\xi, \eta) = F\{o(x_0, y_0)\} \qquad (5.7.9)$$

3. 傅里叶变换全息图的再现

在线性记录的条件下（参照全息照相实验的 $T—E$ 关系曲线），全息图的振幅透射系数 $T(x_0, y_0)$ 正比于曝光量，即正比于(5.7.8)式所示的 $I(\xi, \eta)$，则有：

$$T(x_0, y_0) = \beta_0 + \beta I(\xi, \eta) \tag{5.7.10}$$

式中，β_0 为未曝光时记录介质的透射系数，β 是记录介质的感光度。再现时，将全息图放在原透镜的前焦面上，并用轴向平行光垂直照射，则在透镜的后焦面上的复振幅分布即为全息图透射函数 $T(x_0, y_0)$ 的逆变换，在(5.7.10)式中，常数 β_0 的逆傅里叶变换是一个 δ 函数，即在再现物像平面上是一个位于坐标原点上的亮点。如果忽略 β_0，全息图的透射系数可表示为：

$$\begin{aligned} T(\xi, \eta) &\propto I(\xi, \eta) \\ &= |O(\xi, \eta)|^2 + |R(\xi, \eta)|^2 + \\ &\quad O(\xi, \eta) \cdot R_0 \exp(-j2\pi\xi b) + O^*(\xi, \eta) \cdot R_0 \exp(j2\pi\xi b) \end{aligned} \tag{5.7.11}$$

在透镜后焦面上的复振幅分布为：

$$\begin{aligned} U(x_i, y_i) &= F^{-1}\{T(x_0, y_0)\} \\ &= \delta(x_i, y_i) + O(x_i, y_i) \star O(x_i, y_i) + \\ &\quad O(x_i - b, y_i) + O^*(-x_i - b, y_i) \end{aligned} \tag{5.7.12}$$

(5.7.12)式中（F^{-1} 表示傅里叶逆变换），第一项 $\delta(x_i, y_i)$ 表示位于透镜后焦点处的亮点，它与 β_0 的逆变换所形成的亮点重合。这个亮点是由直接透过全息图的光波形成的，称为直射光称零频项。第二项是 $O(x_i, y_i)$ 的自相关函数。由于其空间频率较低，将位于焦点附近，形成一种晕轮光。第三项是原始像 I_0，其中心位于反射坐标 (x_i, y_i) 的 $(0, -b)$ 处。第四项是共轭像 I_c，其中心位于 $(0, b)$ 处。相对而言，原始像 I_0 是倒像，共轭像 I_c 是正像，二者都是实像，如图 5.7.3 所示。

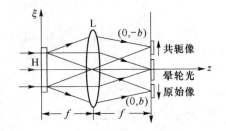

图 5.7.3 傅里叶变换全息图的再现示意图

4. 傅里叶变换全息图的几点说明

1）衍射像的分离条件。

由图 5.7.3 所示的再现光路可以看出：欲使再现物像不受晕轮光的影响，必须使物体和参考光源之间有一定的距离 b。根据自相关的性质，晕轮光的宽度是物体宽度 B 的 2 倍。因此，为了使原始像与晕轮光分离，必须使 $b > 1.5B$。

若记录全息图时，参考光波的强度比物光波的强度大得多，则在再现时，晕轮光很弱，可以忽略它对原始像的干扰，此时只要求 $b > 1.5B$。

2）记录介质的分辨率。

对记录介质分辨率的要求不受物本身精细结构的影响，而取决于全息图中最精细的光栅结构，因而应满足 $\varepsilon \geq 4\xi_m$，其中 ε 为记录介质分辨率，ξ_m 表示全息图的频谱成分，即全息图干涉条纹的空间频率。

3）再现物像的分辨率。

再现物像的分辨率取决于全息图的宽度，它所记录的空间频率越丰富（即高频信息越多），分辨率就越高。因而透镜孔径的限制将起很大作用，孔径越大，截止频率越高。为充分利用透镜口径应将透明资料紧靠透镜。

【实验装置】

防震平台、氦氖激光器、相同焦距的透镜两块、光具座、光屏（记录介质架）、光学导轨、反射镜、准直系统（由一个扩束镜与一个透镜组成）、透光资料。

【实验内容】

1. 傅里叶变换系统调整

按光路图 5.7.1 进行傅里叶变换系统布局及调整。拍摄一张透光资料的傅里叶变换全息图。

将透镜 L′ 插入光路，L′ 距离 L_1 约为 $f+f'$，改变 L′ 的位置，使 L_1 出射的光为平行光。此时在两透镜 L_1 和 L′ 之间有公共焦点，在公共焦点上放入透光资料 O，则透光图片 O 处于傅里叶变换透镜的前焦平面上。移去透镜 L′ 后，在 L_1 后焦平面上即可得到透光资料 O 的傅里叶频谱。

2. 全息记录前的细微调整

1）向后或向前移动光屏 H，移动的距离一般为傅里叶变换透镜焦距 f 的 5% 左右，此时频谱光斑直径扩大了一些，大小为 1~1.5 mm。向前还是向后移动光屏 H，主要取决于向哪个方向移动光屏 H 时，频谱光斑的光强更均匀，图像更清晰。频谱光斑直径的大小，主要取决于透光资料 O 的信息量。信息量大则光斑直径略大一些。

2）在光屏上，因频谱光斑直径大小只有 1~1.5 mm，参考光我们通常选用细光束。参考光的光斑应比频谱光斑的面积略大一点，直径约为 2 mm，两光斑中心必须准确重合。参考光与空间频谱的光强比约为 3∶1~5∶1。

3. 全息记录

关闭照明灯，装上全息干板，使乳胶面朝向透光资料 O，进行曝光。曝光时间一般为 3 秒（由激光器功率而定），可根据激光器的功率而定。为了避免因曝光时间不准确而使实验失败，可在同一张全息干板上的不同位置，用不同的曝光时间进行记录，经显影、定影、漂白处理后，即可得到多个记录斑的全息片。

4. 全息再现

曝光的干版用 D—19 显影、停影、F—5 定影、吹干。以原参考光为照明光、以原入射方向照射全息片，借助光屏，可以观察到原物体的像。改变再现光的入射方向，当照明光垂直照射全息片时，可同时观察到原始像和共轭像。

【注意事项】

（1）千万不要用手或其他东西接触光学元件，以保持光学元件的清洁、无损。因为一个尘埃就可以形成一套衍射环，这将干扰全息图。

（2）在傅里叶变换系统的调整过程中，应保证各光学器件共轴，透光资料片上的光强均匀。尽可能减少物光和参考光的光程差，一定要将参考光与物光频谱的中心对准。

（3）傅里叶变换全息图的光能集中在原点（原点指透镜中心线与频谱面的交点，理想情况下即是透镜后焦点）附近，为避免曝光不均匀，在调节光路时，可使干板稍微离焦，以便得到线性处理的全息图。

【思考题】

(1) 什么叫 4f 信息处理系统？为什么全息图像存储要在全息台上用 4f 系统？
(2) 能否用白光实现全息图像存储？为什么？
(3) 全息图像存储有什么用途？

5.8　声光效应实验

20 世纪初，布里渊曾经预言：有压缩波存在的液体，当光束沿垂直于压缩波传播方向以一定角度通过时，将产生类似于光栅产生的衍射现象。不久，布里渊的预言被实验所证实。后来，人们不仅在液体中，而且在透明固体中也发现了这种现象。在透明固体中利用压电换能器激发超声波，并让光通过，观察到了超声波中的光衍射现象。光波通过某一个受到声波扰动的介质时发生衍射的现象，称为**声光效应**。这种现象是光波与介质中声波相互作用的结果。由于激光技术和超声技术的发展，声光效应理论和应用的研究得到了迅速发展。

利用声光效应制成的声光调制器和偏振器，可以快速而有效地控制激光束的频率、强度和方向，它在激光技术、光信息处理以及集成光通信技术等方面有着非常重要的应用。归结起来，声光衍射实验的测量主要包括两方面的内容：

(1) 光学测量：测量衍射光强、衍射角、衍射光的偏振方向、衍射光的频率与入射光强、入射角、入射光的波长、驱动源频率、驱动功率、声光互作用介质的关系。

(2) 电输特性测量：行波器件的电输入特性与声光互作用介质、压电换能器、匹配网络的关系；驻波器件的电输入特性与声光互作用介质、压电换能器、匹配网络的关系。

本实验通过对拉曼—奈斯衍射和布拉格衍射的衍射特点及实验条件的观察和比较，利用声光效应测量声波在声光器件介质中的传播速度等有关实验，使学生对声光相互作用现象有较深入的认识。

【实验目的】

(1) 掌握声光效应的基本原理和实验规律。
(2) 观察超声驻波场中的光衍射现象。
(3) 观察超声驻波场的像，测量声波的传播速度。
(4) 测量超声驻波衍射光强，计算衍射效率。
(5) 测量衍射光强分布及光栅常数。
(6) 了解声光效应在通信中的应用。

【实验原理】

声波是一种纵向机械应力波，它在介质中传播时会引起介质密度发生疏密交替的周期性变化，这就使得介质折射也发生相应的变化。当一束光射入这种介质时，就会因这种折射率的周期性变化而发生衍射，衍射光的强度、频率、方向等都会随声波变化，这就是声光效应。

如果光波方向垂直于声波方向，且在介质中传播的距离 l 很小，如图 5.8.1(a) 所示，则声波形成的折射率变化相当于一种光栅,这种衍射称为拉曼-奈斯衍射;如果光波方向与声波方向不垂直,且在介质中传播的距离 l 较大,如图 5.8.1(b)所示,则光在该介质中的衍射与光在晶体中的布拉格衍射类似,这种衍射也就称为布拉格衍射。显然,无论哪一种衍射,衍射光的强度和方向等都与声波的强度和频率有关。

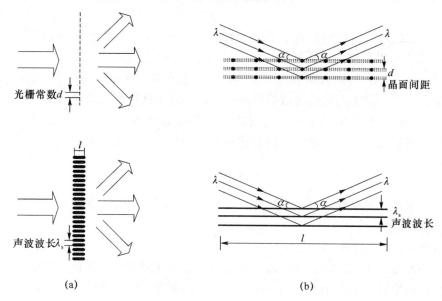

图 5.8.1 声光效应
(a)拉曼—奈斯衍射;(b)布拉格衍射

在这两种衍射中,对 l 大小的要求常以声波波长 λ_s 与光波波长 λ 的相互关系来表述:

当 $l \ll \lambda_s^2/\lambda$ 时,产生拉曼—奈斯衍射。根据光的衍射原理,此时产生衍射极大的衍射角 ϕ 由(5.8.1)式来确定:

$$\sin\phi = m\frac{\lambda}{\lambda_s} \quad (m=0, \pm 1, \pm 2, \cdots) \tag{5.8.1}$$

在(5.8.1)式中的 m 为衍射的级数。如果声波是很好的单色正弦波,则该光栅相当于很好的正弦光栅,因而 $m=0, \pm 1$。

当 $l \gg \lambda_s^2/\lambda$ 时,产生布拉格衍射。根据晶体衍射的布拉格条件,此时产生衍射极大的入射角 i_B 由(5.8.2)式来决定:

$$\sin i_B = \frac{\lambda}{2\lambda_s} \tag{5.8.2}$$

因为 i_B 一般很小,所以衍射光相对于入射光的偏转角 θ 为:

$$\theta = 2i_B = \frac{\lambda}{\lambda_s} = \frac{\lambda_0}{n v_s}f_s \tag{5.8.3}$$

式中,λ_0 为光在真空中的波长,n 为折射率,v_s 为声波波速,f_s 为声波频率。由于 θ 和 i_B 都是在介质中的角度,而实际测量是在空气中进行的,因此可更为简便地表示为:

$$\theta_0 = n\theta = \frac{\lambda_0}{v_s}f_s \tag{5.8.4}$$

式中,的 θ_0 是光在真空(或空气)中的偏转角。

在布拉格衍射的情况下，1级衍射光的衍射效率为：

$$\eta = \sin^2\left(\frac{\pi}{\lambda_0}\sqrt{\frac{M_2 l P_s}{2h}}\right) \tag{5.8.5}$$

式中，P_s 为超声波功率，l 和 h 为超声波换能器的长和宽，M_2 为反映声光介质本身性质的常数。

理论上，布拉格衍射的衍射效率可接近100%，而拉曼—奈斯衍射中1级衍射光的最大效率仅为34%，所以实用的声光器件一般都采用布拉格衍射。

由(5.8.1)、(5.8.3)两式可看出：衍射角的正弦值都与声波的波长成反比。因此，为了使衍射角大一些，常采用波长较短的声波——超声波来进行声光效应实验。

由(5.8.3)式、(5.8.5)式看出：通过改变超声波的频率和功率，可分别实现对激光束方向的控制和强度的调制，这是声光偏转器和声光调制器的物理基础。

【实验装置】

半导体激光器、光学导轨、声光器件、观察屏、光阑、透镜、光强分布测量系统、高频功率发生器、光功率计。

声光器件如图5.8.2所示，它由透明介质(如钼酸铅)制成。介质的两端分别与压电换能器和吸声器相连，压电换能器又称超声发生器，是由铌酸锂或者其他压电材料制成的，它的作用是将电功率转换成声功率，当在换能器上加高频电压时，换能器的振动使介质在 y 方向产生超声波，超声波穿过透明介质时，导致介质的折射率产生周期性的变化。若光束从 x 方向入射，就会产生声光效应。

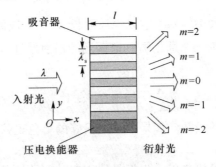

图 5.8.2 声光器件

声光器件有一个衍射效率最大的工作频率，此频率称为声光器件的中心频率，记为 f_c，比它的中心频率高或低的频率，效率都会降低。

一般规定：衍射效率(或衍射光的相对光强)下降 $3dB$ (即衍射效率降到最大值的 $1/\sqrt{2}$)的高、低两频率之差为声光器件的带宽。

【实验内容】

1. 观察超声驻波场中光的衍射

(1) 如图5.8.3所示，将所用的实验装置安装在光学导轨上。

(2) 开启激光电源，点亮激光器。

(3) 调节激光束，使之垂直于声光介质的通光面入射。观察屏上的光点，可观察到三个

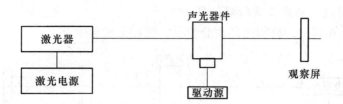

图 5.8.3　观察超声驻波场中光衍射的实验装置

光点，它们分别由透射光以及经声光介质两个通光面反射并进一步经激光器输出镜反射的光线形成，如图 5.8.4 所示。当此三个光点在观察屏上处于与声传播方向相同的一条直线上即可，这时可认为入射光已垂直于声传播方向。但如果反射回来的光又进入激光器，会引起激光器工作不稳定。

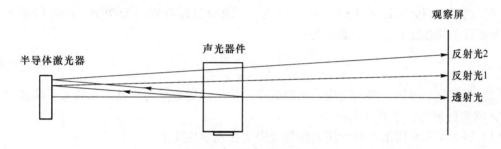

图 5.8.4　反射光线示意图

（4）打开电源，开启声光调制器驱动源，观察衍射光斑，同时调节阻抗匹配磁芯，令衍射最强，观察衍射光斑形状。

（5）改变声光调制器的方位角，观察不同入射角情况下的衍射光斑。

2. 观察超声驻波场的像及测量声波的传播速度

（1）如图 5.8.5 所示，将所用的实验装置安装在光学导轨上。

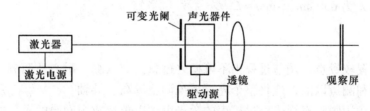

图 5.8.5　观察超声驻波场的像及测量声波的传播速度装置图

（2）移开透镜，重复本实验内容一的步骤，令观察屏上的衍射光点最多。

（3）安装上透镜，改变透镜与调制器之间的位置，用光阑限定声光调制器前表面入射光斑的尺寸。

（4）当入射光充满通光面时，数出衍射条纹的数目 N，利用(5.8.6)式计算声光介质中的声速 V：

$$V = 2af/N \tag{5.8.6}$$

式中，a 是光斑直径，f 为超声波的频率。$a = 1.5$ mm，$f = 10$ MHz。

3. 测量超声驻波衍射光强及衍射效率

（1）如图5.8.6所示，将所用的实验装置安装在光学导轨上。

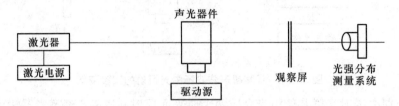

图5.8.6　测量超声驻波衍射光强及衍射效率装置图

（2）重复实验内容一的步骤，令观察屏上的衍射光点最多。

（3）移开观察屏，用激光功率计测出入射光强 I_0。

（4）利用光阑分别让0，±1，±2，±3，…级衍射光打到激光功率计的光敏面上，测出各级衍射光的强度 I_m，衍射效率为：

$$\eta_i = \frac{I_m}{I_0} \tag{5.8.7}$$

（5）改变驱动电压，测出对应的衍射效率，作出衍射效率与驱动电压的关系曲线。

4. 测量衍射光强分布及光栅常数

（1）如图5.8.6所示，将所用实验装置安装在光学导轨上。

（2）重复本实验内容一的步骤，令观察屏上的衍射光点最多。

（3）将光强分布测量系统置于导轨另一端（与本实验内容三的位置相同）。

（4）选用适当的光阑，测量各点上的光强，绘出光强分布曲线。

（5）测出声光调制器与光阑的距离 L，m 级光斑距离中心零级的距离 L'。

（6）利用(5.8.8)式算出光栅常数 d：

$$d\sin\theta = m\lambda \tag{5.8.8}$$

式中，激光波长 λ 为650 nm，$\sin\theta \approx L'/L$。

【注意事项】

（1）实验装置较贵重，调节过程中不可操之过急，应认真、耐心地调节。

（2）在观察和测量以前，应将整个光学系统调至等高、共轴。

（3）不能直接用眼睛直视未经过扩束的激光束，以免造成视网膜的永久损伤。

（4）不能将功率信号源的输出功率长时间处于最大输出功率状态，以免损坏。

（5）实验时间不宜过长，因为声波在介质中传播时，温度在小范围内有波动，从而影响测量的精度。

（6）应避免接触声光器件两侧通光的部分，以免污染声光器件。如有污染，可用酒精乙醚清洗，或用镜头纸擦拭干净。

（7）实验结束后，应先关闭各仪器电源，再关闭总电源，以免损坏仪器。

【思考题】

（1）为什么入射角增大时，衍射光斑的数目减少？

（2）请推导声速测量公式。

（3）激光器前面为什么要加小孔光阑？如果不加或光阑的孔过大，会出现什么情况？

5.9　高温超导材料电阻—温度特性的测量

超导通常是指超导电性，即某些物质在低温下出现的电阻为零和完全抗磁性的特征，具有超导性的物体称为超导体。

1911年，荷兰物理学家卡麦林·昂纳斯（Kamerling. Onnes）发现：当温度降到大约4.2 K时，汞（Hg）的电阻突然消失，这是人类第一次发现超导现象。4.2 K称为汞的临界温度。

超导电性的物理本质是由于库柏对的产生。库柏对：在多电子系统的金属中，只有两个电子具有大小相等、方向相反的动量和相反的自旋才能通过晶格振动结成电子对的束缚态。这种束缚电子对——库柏对的集合而导致了超导电性。正所谓"单个前进有电阻，结伴成行才超导"。库柏对发现不久，巴丁、库柏和施瑞弗三人将这一概念应用到超导问题，完成了现代超导微观理论（即BCS理论），并成功解释了有关超导电性的物理本质。

测量超导体的基本性能是研究工作的重要环节，而临界温度 T_c 的高低是超导材料性能良好与否的重要判据，因此，T_c 的测量尤为重要。

【实验目的】

（1）了解高温超导材料的特性。

（2）掌握高温超导体临界温度的动态测量和稳态测量方法，会利用计算机进行数据采集。

【实验原理】

超导体的两个最主要的特征是零电阻和完全抗磁性。这里主要说明零电阻特性。

我们知道：金属的电阻是由晶格上原子的热振动以及杂质原子对电子的散射造成的。在低温时，一般金属（非超导材料）总具有一定的电阻，如图5.9.1所示，其电阻率与温度 T 的关系可表示为：

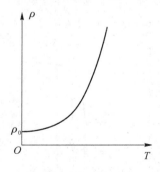

图5.9.1　一般金属的电阻率与温度的关系曲线

$$\rho = \rho_0 + AT^5 \tag{5.9.1}$$

式中，ρ_0 是剩余电阻率，是 $T=0$ K 时的电阻率，它与金属的纯度和晶格的完整性有关。对于实际的金属，其内部总存在杂质和缺陷，因此，即使让温度趋于绝对零度，也总存在 ρ_0。

1911年，昂纳斯在极低温下研究降温过程中汞电阻的变化时，意外地发现温度在4.2 K

附近，汞的电阻急剧下降好几千倍。后来，有人估计此电阻率的下限为 3.6×10^{-23} $\Omega\cdot cm$，而迄今为止，正常金属的最低电阻率仅为 10^{-13} $\Omega\cdot cm$。在这个转变温度以下，电阻为零（现有的电子仪器无法测量到如此低的电阻），这就是零电阻现象，如图 5.9.2 所示。

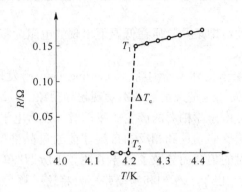

图 5.9.2　汞的零电阻现象

需要注意的是只有在直流情况下才有零电阻现象，而在交流情况下电阻不为零。当把某种金属或合金冷却到某一个确定的温度 T_c 以下时，其直流电阻突然降到零。这种在低温下发生的零电阻现象，称为物质的超导电性，具有超导电性的材料称为超导体。电阻突然消失的这一温度 T_c 称为超导体的临界温度。目前，已经知道约五千余种材料（包括金属、合金和化合物）在一定温度下可转变为超导体。

由于受材料化学成分不纯及晶体结构不完整等因素的影响，超导材料由正常向超导的转变一般是在一定的温度间隔内发生的，如图 5.9.3 所示。用电阻法（即根据电阻率变化）测定临界温度时，通常把降温过程中电阻率与温度曲线开始从直线偏离处的温度称为开始转变温度，记作 T_0，此时对应的电阻率为 ρ_0。把临界温度 T_c 定义为待测样品的电阻率从开始转变处下降到一半时对应的温度，即 $\rho=\rho_0/2$ 时对应的温度，也称为超导转变的中点温度。把电阻率变化从 10% 到 90% 对应的温度间隔定义为转变宽度，记作 ΔT_c。把电阻率刚刚完全降到零时的温度称作完全转变温度，记作 T_a。ΔT_c 的大小一般反映了材料品质的好坏，对于均匀单相的样品 ΔT_c 较窄，反之较宽。理想超导样品的 $\Delta T_c\leq10^{-3}$ K。

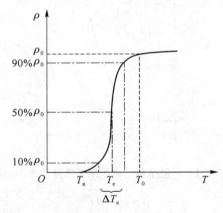

图 5.9.3　正常向超导转变时电阻率—温度曲线

【实验装置】

HT288 型高 T_c 超导体电阻—温度特性测量仪由安装了样品的低温恒温器，测温、控温仪器，数据采集、传输和处理系统以及电脑组成，如图 5.9.4 所示。

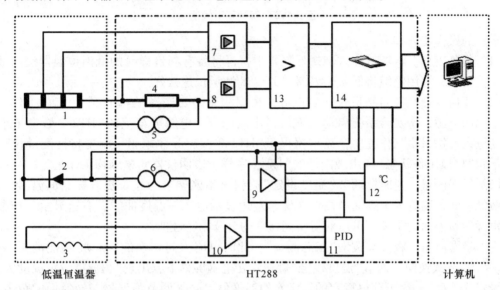

图 5.9.4　HT288 高 T_c 超导体电阻—温度特性测量仪工作原理示意图

1—超导样品；2—PN 结温度传感器；3—加热器；4—参考电阻；5—恒流源；6—恒流源；7—微伏放大器；8—微伏放大器；9—放大器；10—功率放大器；11—PID；12—温度设定；13—比较器；14—数据采集、处理、传输系统

它既可进行动态法实时测量，也可进行稳态法测量。动态法测量时可分别进行不同电流方向的升温和降温测量，以观察和检测因样品和温度计之间的动态温差造成的测量误差以及样品及测量回路热电势给测量带来的影响。动态测量数据经本机处理后直接进入电脑 $X-Y$ 记录仪显示、处理或打印输出。稳态法测量结果经键盘输入计算机做出 $R-T$ 特性曲线，供分析处理或打印输出之用。

【实验内容】

图 5.9.4 所示的低温恒温器是利用导热性能良好的紫铜制成的。样品及温度传感器安置于其上，并形成良好的热接触。加热丝是为稳态法测量而设置的，当低温恒温器处于液氮中或液氮面之上的不同位置时，低温恒温器的温度将有相应的变化。当温度变化较缓慢，而且样品及温度传感器与紫铜均温块热接触良好时，可以认为温度传感器测得的温度就是样品的温度。样品及温度传感器的电极按典型的四端子法（图 5.9.5）分别连接至恒流电源及放大器，经数据采集、处理、传输系统送入电子计算机处理并在显示器上显示。当进行稳态测量时，改变均温块上加热器的电流，使得加热的电功率与均温块所散失的热量流率相等，则均温块恒定于某一温度。仪器内安装了自动控温系统，它由温度传感器、放大器、温度设定器、PID 及功率放大器等部分组成，设定所需的温度时计算机显示屏上显示温度值，此时加热功率自动调整，经几分钟时间便自动达到平衡。

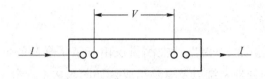

图 5.9.5 四端子引线法

实验的操作步骤如下：

(1) 准备工作。将液氮注入液氮杜瓦瓶中，再将装有测量样品的低温恒温器浸入液氮，固定于支架上，并用电缆将低温恒温器与 HT288 测量仪连接好。

(2) 开启仪器。开启测量仪器的电源，根据实验需要选择"自动"或"手动"工作方式。开启电脑的电源，待实验系统启动完成后，用鼠标点击电脑屏幕上的"HT288 数据采集"图标，便进入数据采集工作程序，显示器提示"HT288 型超导体电阻—温度特性测量仪"，屏幕右下角"接口工作状态"栏出现闪烁的"接收"字样，表明仪器与电脑均工作正常。

(3) 动态测量。逆时针调节"温度设定"旋钮至不能调节为止。提升样品恒温器，使其脱离液氮表面，随着温度逐渐升高，在屏幕左边显示电压—温度曲线，右边显示工作参数。改变恒温器与液面的距离，可以获得不同速率的升降温特性曲线。

(4) 稳态测量。将开关拨向"稳态测量"，此时电流方向切换的"自动"功能消失，只能采用"手动"方式换向。调节"温度设定"旋钮，在电脑屏幕下方出现"恒温器设定温度为：显示所设定的温度"。为了获得稳定的、满意的温度值，必须调节恒温器与液氮面的距离，使恒温器依靠 HT288 型测量仪馈送的加热电流维持温度平衡。

(5) 退出测量。按键盘上的 ESC 键，提示输入文件名（建议使用缺省名），确认退出。

(6) 数据处理。点击电脑显示屏"HT288 型数据处理"图标，进入数据处理工作程序，按菜单操作。

【注意事项】

(1) 所测的钇钡铜氧超导体受潮后，可能引起超导性能退化或消失，应保存于干燥的环境或液氮之中。

(2) 不要让液氮接触皮肤，以免造成冻伤。

(3) 动态测量时，应确认"温度设定"值为 77.4K，以避免控温仪加热器不适当启用。

(4) 稳态测量时，系统强制进入手动状态，屏幕不显示图像，由右侧工作参数区提供测量数据。

(5) 严禁将自己的软盘、光盘私自插入计算机，以防止病毒的侵害。

【思考题】

(1) 为什么采用四端子法可避免引线电阻和接触电阻的影响？

(2) 用四端子法测量 T_c 时，常采用电流换向法消除乱真电势，试分析产生乱真电势的原因及消除的原理。

5.10 地磁场的测量

地磁场是地球系统的基本物理场，直接影响着该系统中一切运动的带电物体或带磁物体的运动学特性。地磁场的数值比较小,但在直流磁场测量,特别是弱磁场测量中,往往需要知道其数值并设法消除其影响。地磁场作为一种天然磁源,在地球科学、航空航天、资源探测、交通通信、国防建设等方面都有着重要的应用。

【实验目的】

(1) 了解利用磁阻效应进行地磁场测量的基本原理。
(2) 用亥姆霍兹线圈测量磁阻传感器的灵敏度。
(3) 测定所在地的地磁场磁感应强度及磁倾角。

【实验原理】

地球可视为一个磁偶极,其中一个磁极位于地理北极附近,另一磁极位于地理南极附近,通过这两个磁极的假想直线(磁轴)与地球的自转轴大约呈 11.3° 的倾斜。地磁场数值较小,约为 0.5×10^{-4} T,其强度与方向也随地点而异。作为地球的固有资源和地球系统的基本物理量,地磁场不仅为航空、航海提供了参考系,而且直接影响着该系统中一切运动的带电物体或者磁物体的运动特性。

地磁场是一个向量场,通常用三个参量来表示地磁场的方向和大小:

(1) 磁偏角 α,即地球表面任一点的地磁场磁感应强度矢量 B 所在的垂直平面(即地磁子午面)与地理子午面之间的夹角。

(2) 磁倾角 β,即地磁场磁感应强度矢量 B 与水平面之间的夹角。

(3) 地磁场磁感应强度的水平分量 $B_{/\!/}$,即地磁场磁感应强度矢量 B 在水平面上的投影。

测量了地磁场的这三个参量,就可以确定某一地点的地磁场磁感应强度矢量的大小和方向。

随着信息技术的发展,磁场测量的发展日趋微型化、智能化。作为磁电效应的一个重要分支——磁阻效应已成为磁场测量领域研究的热点。在磁场中,物质的电阻发生变化的现象称为磁阻效应。对于铁、钴、镍及其合金等强磁性金属,当外加磁场平行于磁体内部的磁化方向时,电阻几乎不随外加磁场变化;当外加磁场偏离金属的内磁化方向时,此类金属的电阻值将减小,这就是强磁金属的各向异性磁阻效应。磁阻传感器主要由铁磁材料如镍铁导磁合金制成,这种镍铁合金磁膜的电阻特性随着磁场的变化而变化,通常可组成直流单臂电桥来感应外界磁场。

实验中所选用的磁阻传感器是由长而薄的坡莫合金(铁镍合金)制成的一维磁阻微电路集成芯片(二维、三维磁阻传感器可以测量二维或三维磁场)。它利用半导体工艺,将铁镍合金薄膜附着在硅片上,如图 5.10.1 所示。薄膜的电阻率 $\rho(\theta)$ 依赖于磁化强度 M 和电流 I 方向间的夹角 θ,具有以下关系式:

$$\rho(\theta)=\rho_{\perp}+(\rho_{/\!/}-\rho_{\perp})\cos^2\theta \tag{5.10.1}$$

式中,$\rho_{/\!/}$、$\rho_{\perp}$ 分别是电流 I 平行于 M 和垂直于 M 时的电阻率。

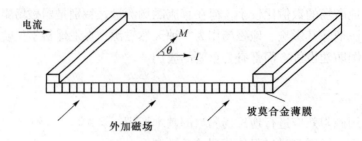

图 5.10.1　磁阻传感器构造示意图

当沿着铁镍合金带的长度方向通以一定的直流电流、而垂直于电流方向施加一个外界磁场时，合金带自身的阻值会发生较大的变化，利用合金带阻值这一变化，可以测量磁场的大小和方向。在制作时，还在硅片上设计了两条铝制电流带，一条是置位及复位带，该传感器遇到强磁场感应时，将产生磁畴饱和现象，也可以用来置位或复位极性；另一条是偏置磁场带，用于产生一个偏置磁场，补偿环境磁场中的弱磁场部分（当外加磁场较弱时，磁阻相对变化值与磁感应强度成平方关系），使磁阻传感器输出显示线性关系。

所选用的磁阻传感器是一种单边封装的磁场传感器，它能测量与管脚平行方向的磁场。传感器由四条铁镍合金磁电阻组成一个非平衡电桥，非平衡电桥的输出端接集成运算放大器，将信号放大输出。传感器内部结构如图 5.10.2 所示。

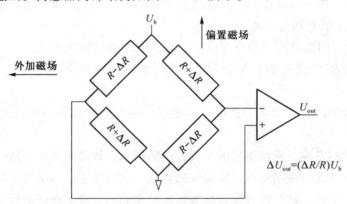

图 5.10.2　磁阻传感器内的惠斯通电桥

如图 5.10.2 所示，由于适当配置的四个磁电阻电流方向不相同，当存在外界磁场时，引起电阻值变化有增有减。因而输出电压 U_{out} 可表示为：

$$U_{out} = \left(\frac{\Delta R}{R}\right) \times U_b \tag{5.10.2}$$

式中，U_b 是电桥的工作电压，$\Delta R/R$ 是外磁场引起的磁电阻阻值的相对变化。

对于一定的工作电压，如 $U_b = 5.00$ V，磁阻传感器输出电压 U_{out} 与外界磁场的磁感应强度成正比关系，为：

$$U_{out} = U_0 + KB \tag{5.10.3}$$

式中，K 为传感器的灵敏度，B 为待测磁感应强度。U_0 为外加磁场为零时传感器的输出量。

为了确定磁阻传感器的灵敏度，需要有一个标准磁场来进行标定。为此，可以采用亥姆霍兹线圈。由于亥姆霍兹线圈的特点是能在其轴线中心点附近产生较宽范围的均匀磁场区，所以常常用作弱磁场的标准磁场。亥姆霍兹线圈公共轴线中心点位置的磁感应强度为：

$$B = \frac{\mu_0 NI8}{R5^{3/2}} \quad (5.10.4)$$

式中，μ_0 为真空磁导率，N 为线圈匝数，I 为线圈流过的电流强度，R 为亥姆霍兹线圈的平均半径。

【实验装置】

地磁场测量实验装置主要包括底座、转轴、带量角器的转盘、磁阻传感器及引线、亥姆霍兹线圈及电源、地磁场测量仪等。

【实验内容】

1. 仪器安装与调零

用导线将亥姆霍兹线圈串联并与地磁场测定仪上的直流电源相连接，将磁阻传感器与测定仪的输入端相连，调节输入电流的零点（选择正向或反向，只调节一个方向即可）。

2. 测量磁阻传感器的灵敏度 K

（1）将磁阻传感器放置在亥姆霍兹线圈公共轴线中点，并使管脚与磁感应强度的方向平行，即传感器的感应面与亥姆霍兹线圈轴线垂直。

（2）用亥姆霍兹线圈所产生的磁场作为已知量，每个线圈匝数 $N = 500$ 匝，线圈的半径 $R = 10$ cm，真空磁导率 $\mu_0 = 4\pi \times 10^{-7}$ N/A^2，则亥姆霍兹线圈轴线上中心位置的磁感应强度为（两个线圈串联）：

$$B = \frac{8\mu_0 NI}{5^{3/2} R} = \frac{8 \times 4\pi \times 10^{-7} \times 500}{5^{3/2} \times 0.10} \times I = 44.96 \times 10^{-4} I \quad (5.10.5)$$

式中，B 的单位为 T，I 的单位为 A。

（3）将励磁电流方向调整为正向，调节励磁电流，测量正向输出电压，测量间隔为 10 mA。改变励磁电流方向为反向，测量反向输出电压。将所得数据填入数据表 5.10.1 中。

表 5.10.1 测量灵敏度的实验数据记录表

励磁电流 I/mA(正)	磁感应强度 B/(T×10^{-4})	输出电压 U_{out}/mV	励磁电流 I/mA(反)	磁感应强度 B/(T×10^{-4})	输出电压 U_{out}/mV
0					
10			10		
20			20		
30			30		
40			40		
50			50		
60			60		

(4) 利用最小二乘法求出磁阻传感器的灵敏度 K。

3. 测量地磁场

(1) 将亥姆霍兹线圈与直流电源的连接线拆去，把转盘刻度调节为 $\theta = 0°$，将磁阻传感器平行固定在转盘上，调整转盘，使之水平(可用水准器指示)。

(2) 水平旋转转盘，找到传感器输出电压最大方向，记录此时传感器输出电压 U_1 及转盘对应的角度(必须双孔读数) θ_1'、θ_1''。再旋转转盘，记录传感器输出最小时的电压 U_2 及转盘对应的角度(必须双孔读数) θ_2'、θ_2''。由 $|U_1 - U_2|/2 = KB_\parallel$，可求得当地地磁场水平分量 $B_\parallel$，确定地磁场磁感应强度的水平分量 $B_\parallel$ 所在平面的方向。

(3) 将带有磁阻传感器的转盘平面调整为铅直，并使转盘沿着 $B_\parallel$ 所在平面的方向放置。思考如何调节可以满足以上要求。

(4) 转动转盘，分别记下传感器最大输出电压值 U_1' 和最小输出电压值 U_2'，同时记录在这两个位置时转盘的指示值(必须双孔读数)，然后分别换算成与水平面之间的夹角 β_1 和 β_2。

(5) 由 $\beta = (\beta_1 + \beta_2)/2$，计算磁倾角 β 的值，找到输出电压变化很小时，磁倾角 β 的变化范围。

(6) 由 $|U_1' - U_2'|/2 = KB$，计算地磁场磁感应强度 B 的值，并计算地磁场的垂直分量 $B_\perp = B\sin\beta$。

(7) 重复以上(1)~(6)步骤的内容进行测量，共 5 次，记录 5 组数据。

【注意事项】

(1) 实验过程中，实验装置周围的一定范围内不应存在铁磁金属物体，以保证测量结果的准确性。

(2) 注意消除磁畴饱和现象对实验数据的影响。

(3) 测量磁阻传感器灵敏度时，不能在有励磁电流时直接改变励磁电流方向。需先将励磁电流调回零，再按"复位"键，然后改变电流方向。

【数据处理】

(1) 利用最小二乘法，或利用计算机作图，求出磁阻传感器的灵敏度 K。

(2) 在地磁场参量的测量中，采用多次测量取平均值的办法，得出各参量的具体数值。

【思考题】

(1) 磁阻传感器和霍尔传感器在工作原理和使用方法等方面各有什么特点？

(2) 在测量磁倾角时，为什么磁倾角 β 在一定角度范围内变化较小？

5.11　光电探测器的特性及其应用

光电探测器主要由光敏元件组成。目前光敏元件发展迅速、品种繁多、应用广泛。主要有光敏电阻器、光电二极管、光电三极管、光电耦合器和光电池等。

光敏电阻器由能透光的半导体光电晶体构成。因半导体光电晶体成分不同，又分为可见光光敏电阻(硫化镉晶体)、红外光光敏电阻(砷化镓晶体)和紫外光光敏电阻(硫化锌晶体)。一定波长的光照射到半导体光电晶体表面的相应敏感区域时,晶体内载流子增加,使其电导率增加(即电阻减小)。

光电二极管和普通二极管相比,除了它的管芯也是一个 PN 结、具有单向导电性能外,其他性能均差异很大。首先,管芯内的 PN 结结深比较浅(小于1微米),有利于提高光电转换能力;其次,PN 结的结面积比较大,电极面积很小,有利于光敏面多收集光线。光电二极管和光敏电阻相比,光电二极管在外观上都有一个用有机玻璃透镜密封、能汇聚光线于光敏面的窗口;所以光电二极管的灵敏度和响应时间远远优于光敏电阻。

半导体光电位置传感器(即 PSD:Position Sensitive Device)是一种基于横向光电效应的新型半导体光电位置敏感探测器。它除了具有光电二极管阵列和 CCD 的定位性能外,还具有灵敏度高、分辨率高、响应速度快和电路配置简单等特点,因而逐渐被人们所重视。PSD 的发展趋势是高分辨率、高线性度、快响应速度及信号采集处理等多功能集成。PSD 可用于精密尺寸、三维空间位置和角度的测量,是近程(10 m 以内)实时测量飞行器位置和距离的极佳器件,如在空中加油机等空间飞行器对接中,可精确地提供目标的相对位置、距离及角度姿态。

【实验目的】

(1)掌握光敏电阻及光敏二极管的工作原理、特性及其应用。
(2)掌握光电位置传感器 PSD 的工作原理及其应用。

【实验原理】

1. 光敏电阻

光敏电阻是采用半导体材料制作、利用内光电效应工作的光电元件。在光线的作用下,其阻值往往变小。用于制造光敏电阻的材料主要是金属的硫化物、硒化物和碲化物等半导体。

光敏电阻的原理结构如图 5.11.1 所示。在黑暗环境里,它的电阻值很高。当受到光照时,只要光子能量大于半导体材料的禁带宽度,价带中的电子吸收一个光子的能量后便可跃迁到导带,并在价带中产生一个带正电荷的空穴。这样,由光照产生的电子—空穴对增加了半导体材料中载流子的数目,使其电阻率变小,从而造成光敏电阻阻值下降。光照愈强,阻值愈低。入射光消失后,由光子激发产生的电子—空穴对将逐渐复合,光敏电阻的阻值也就逐渐恢复原值。

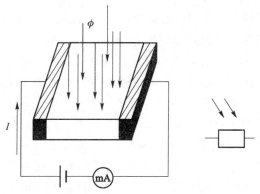

图 5.11.1 光敏电阻的结构、原理图及其电路符号

在光敏电阻两端的金属电极之间加上电压,其中便有电流通过。当受到适当波长的光线照射时,电流就会随光强的增加而变大,从而实现光电转换。光敏电阻没有极性,纯粹是一个电阻器件。使用时既可加直流电压,也可以加交流电压。光敏电阻在室温和完全黑暗的条件下测得的稳定电阻值称为暗电阻或暗阻。此时,流过的电流称为暗电流。光敏电阻在室温和一定光照条件下测得的稳定的电阻值称为亮电阻或亮阻。此时流过的电流称为亮电流。

在一定光照条件下,光敏电阻两端所加的电压和流过光敏电阻的电流之间的关系叫光敏电阻的伏安特性。

对于不同波长的入射光,光敏电阻的相对灵敏度是不同的,因此在选用光敏电阻时要把元件和光源的种类结合起来考虑,这叫做光敏电阻的光谱响应特性。

光敏电阻的光电流与光照度之间的关系称为光电特性。光敏电阻的光电特性呈非线性,因此不适宜做检测元件,这是光敏电阻的缺点之一,在自动控制中它常用做开关式光电传感器。

2. 光敏二极管

光敏二极管是利用硅 PN 结受到光照后产生光电流的一种光电器件,如图 5.11.2 所示。与普通二极管相比,虽然都属于单向导电的非线性半导体器件,但在结构上有其特殊的地方。光敏二极管使用时要反向接入电路中,即正极接电源负极,负极接电源正极。

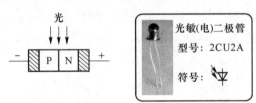

图 5.11.2　光敏二极管实物及原理图

根据 PN 结反向特性可知,在一定反向电压范围内,反向电流很小且处于饱和状态。此时,如果无光照射 PN 结,则因本征激发产生的电子—空穴对的数量有限,反向饱和电流保持不变,在光敏二极管中称为暗电流。当有光照射 PN 结时,结内将产生附加的大量电子—空穴对(称之为光生载流子),使流过 PN 结的电流随着光照强度的增加而剧增,此时的反向电流称为光电流。

光敏二极管的光电特性、伏安特性以及光谱响应特性的定义与光敏电阻的一致。

3. 光电位置传感器(PSD)

高灵敏度光电位置传感器 PSD(Position Sensitive Detector)是一种新型的光电器件,或称为坐标光电池,可将光敏面上的光点位置转化为电信号。当一束光射到 PSD 的光敏面上时,在同一面上的不同电极之间将会有电流流过,这种电压或电流随着光点位置变化而变化的现象就是半导体的横向光电效应。因此,利用 PSD 的 PN 结上的横向光电效应可以检测入射光点的照射位置。它不像传统的硅光电探测器那样,只能作为光电转换、光电耦合、光接收和光强测量等方面的应用,而能直接用来测量位置、距离、高度、角度和运动轨迹等。

PSD 的工作原理基于横向光电效应,图 5.11.3 显示了其基本结构。PSD 由三层构成,最上一层是 P 层,下层是 N 层,中间插入较厚的高阻 I 层,形成 P-I-N 结构。此结构的特点是 I 层耗尽区宽、结电容小,光生载流子几乎全部都在 I 层耗尽区中产生,没有扩散分量的光电流,因此响应速度比普通 PN 结光电二极管要快得多。

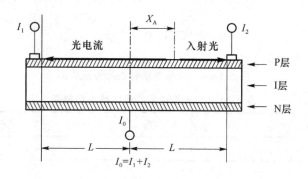

图 5.11.3　PSD 工作原理图

当 PSD 表面受到光照射时,在光斑位置处产生比例于光能量的电子—空穴对流过 P 层电阻,分别从设置在 P 层相对的两个电极上输出光电流 I_1 和 I_2。由于 P 层电阻是均匀的,电极输出的光电流反比于入射光斑位置到各自电极之间的距离。光电流 I_1 和 I_2 可以用下面两种方式表示:

当坐标原点选在 PSD 中心时,光电流 I_1 和 I_2 分别为:

$$I_1 = I_0(L - X_A)/2L \tag{5.11.1}$$

$$I_2 = I_0(L + X_A)/2L \tag{5.11.2}$$

式中,L 为 PSD 的半宽度,X_A 为入射光到中心点的距离,I_0 为光能量,I_1 和 I_2 为光电流。由这两式可知,I_1、I_2 是光能量(I_0)与位置的函数。实际应用中,由于光源光功率的波动以及光源与 PSD 间距离的变化,光能量 I_0 并不是一个恒定值。为了消除 I_0 变化的影响,通常把输出电流的差与和相除作为位置检测信号,即当坐标原点选在 PSD 中心时:

$$X_A = L(I_2 - I_1)/(I_2 + I_1) \tag{5.11.3}$$

【实验装置】

直流稳压电源(用 +4 V 挡)、照度测量器件、照度表、跟随器、比较器、数字式电压/频率表(即 F/V 表)、半导体激光器、光源采样电阻、光敏电阻、光敏二极管、PSD 位置传感器等。

【实验内容】

1. 光敏电阻的特性测量实验

1) 测量光敏电阻的暗电阻、亮电阻、光电阻。

了解所需单元、部件在实验仪上的位置,观察光敏电阻的结构。装上光源,对准光敏电阻,关闭发光管电源,调整遮光罩,使光敏电阻完全被遮盖,用万用表测得的电阻值为暗电阻;移去光源,在环境光照下测得的电阻值为亮电阻;暗电阻与亮电阻之差为光电阻,光电阻越大,说明灵敏度越高。

2) 测量光敏电阻的光电特性。

光敏电阻接线如图 5.11.4 所示,把光敏电阻和电流表串联,外加直流稳压电源。电源 +4 V 挡。移出遮光罩,关闭发光管电源,记下电流表读数(暗电流),打开光源的电源,调节光照度,将电流表的数据记录在表 5.11.1 中,作出照度—电流曲线。

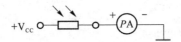

图 5.11.4　光敏电阻特性测量连接图

表 5.11.1　光敏电阻的光电特性数据表

光照度/lx	0	200	400	600	800	1 000
电流/mA						

3）测量光敏电阻的伏安特性。

安装好光源，传感器的接线如图 5.11.4 所示，调节光强至 100lx（方法如上）。改变直流稳压电源 $+V_{CC}$，记录电流表的读数，并填入表 5.11.2 中，作出 V—I 曲线。

表 5.11.2　光敏电阻的伏安特性数据表

电压/V	+2	+4	+6	+8	+10
电流/mA					

4）测量光敏电阻的光谱响应特性。

光电器件的灵敏度是入射辐射波长的函数。以功率相等的不同波长的单色光入射于光电器件上，其光电信号与辐射波长的关系为光电器件的光谱特性。实验接线同光敏电阻的光电特性实验，调节光强至适中，分别使用不同颜色的光源测得电流表的读数，并填入表 5.11.3 中。

表 5.11.3　光敏电阻的光谱响应特性数据表

光源（颜色）					
电流/mA					

2. 光敏电阻的应用——暗光亮灯电路

如图 5.11.5 所示为光敏灯控实验单元的实际电路图。当光照度下降时，采样电阻中的输出电压 V_o 下降。当电压小于比较器输入端电压时，比较器输出高电平，晶体管 T 导通，集电极负载 LED 电流增大使 LED 发光，这是一个暗通电路。

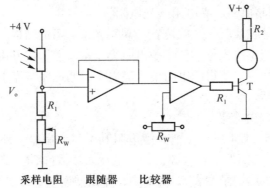

采样电阻　　跟随器　　比较器

图 5.11.5　光敏电阻实验装置连接图

(1) 如图 5.11.5 所示接线，采样电阻调至最大，光敏电阻在环境光照下，调节比较器，使发光管刚好熄灭。

(2) 改变光照条件，用手遮住光敏电阻改变其光照，当光暗到一定程度时发光管会跳亮。这就是日常所用的暗光街灯控制电路的原理。

(3) 改变比较电压或者采样电阻，调节感应光强的临界点，重复本实验二中 2 的内容。

3. 光敏二极管特性测量实验

1) 测量光敏二极管的暗电流。

了解所需单元、部件在实验仪上的位置，观察光敏二极管的结构。要注意光敏二极管是工作在反向工作电压的，$+V_{CC}$ 选择在 $+10$ V，负载电阻至最小。装上光源，对准光敏二极管，关闭发光管电源，移出遮光罩，使光敏二极管完全被遮盖，微安表显示的电流值即为暗电流。

注意：光敏二极管的暗电流很小，虽然提高了反向电压，但还是可能不易测到，应仔细测量。

2) 测量光敏二极管的光电特性。

光敏二极管的光电特性是指当工作偏压一定时，光电管输出光电流与入射光照度的关系。$+V_{CC}$ 选择在 $+4$ V，负载电阻调至最大（最大为 12 kΩ，事先也可用万用表测得），打开光源改变照度（方法如本实验内容一），并记录微安表的读数填入表 5.11.4 中。

表 5.11.4　光敏二极管的光电特性数据表

光照度/lx	0	200	400	800	1 000
电流/μA					

3) 测量光敏二极管的光谱响应特性。

光电器件的灵敏度是入射辐射波长的函数。以功率相等的不同波长的单色光入射辐射于光电器件，其光电信号与辐射波长的关系为光电器件的光谱响应特性。实验接线同光敏二极管的光电特性实验，光照度调至 1 000 lx，分别使用不同颜色的光源测得电流表的读数，填入表 5.11.5 中。

表 5.11.5　光敏二极管的光谱响应特性数据表

光源(颜色)				
电流/mA				

注意：换光源时，光强调节旋钮不可动。安装不同光源时，要保证发光管到光电器件的距离不变，从而保证光源的功率相同。

4. 光敏二极管的应用——光控电路

光敏二极管光控实验单元的实际电路图如图 5.11.6 所示。当光照度下降时，采样电阻中 V_o 电压下降。当电压小于比较器输入端电压时，比较器输出高电平，晶体管 T 导通，集电极负载 LED 电流增大使 LED 发光，这是一个暗通电路。

(1) 如图 5.11.6 所示接线，采样电阻调至最大，光敏二极管在环境光照下，调节比较器，使发光管刚好熄灭。

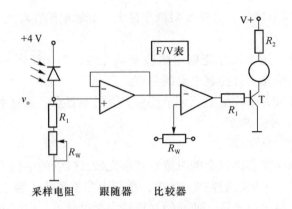

图 5.11.6 光敏二极管实验装置连接图

（2）改变光照条件，用手遮住光敏二极管改变其光照，当光线暗到一定程度时，发光管会亮起来。这就是日常所用的暗光街灯控制电路的原理。

（3）改变比较电压或者采样电阻，调节感应光强的临界点，重复本实验四中2的内容。

5. 用 PSD 位置传感器测量位置

PSD 位置传感器是光电检测器件，利用 PSD 的光电流可测量入射到其感光区域的光斑能量中心位置(一维)，时间响应快，可应用于多种测量场合。本实验所用的 PSD 位置传感器系统由 PSD 传感器、电子处理模块(包括 I/V 转换、加减电路、除法器、放大器等)、半导体激光器、机械调节支架(调节 PSD 传感器与激光光斑位置)、振动梁等组成，如图 5.11.7所示。用模拟电路处理传感器两极输出的电流，经运算放大器电流电压变换、加减运算(有条件的还可利用模拟除法器)，其输出电压取决于光斑能量的中心位置。

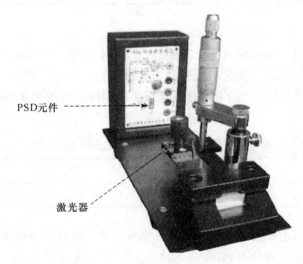

图 5.11.7 PSD 实验模块装置图

（1）将测微头与梁边上的磁铁吸合，调节测微头来调整激光光源的上下位置，使光斑尽可能照在 PSD 传感器的中心点上。

（2）旋转测微头，使光斑能在 PSD 传感器有效面上移动。

（3）将 PSD 信号输出端 V_0 与数字电压表 V_i 相连，电压表置 2 V 挡。

（4）调节测微头，使电压表指示为零。往上旋转测微头，每隔 1.00 mm 读一次电压表数值,共记录 7 组数据,记入表 5.11.6 中。

表 5.11.6 PSD 传感器正向位置与相应电压数据表

位置 X/mm							
电压 U/V							

(5) 将测微头回到零位,往下旋转测微头,每隔 1.00 mm 读一次电压表数值,共记录 7 组数据,填入表 5.11.7 中。

表 5.11.7 PSD 传感器反向位置与相应电压数据表

位置 X/mm							
电压 U/V							

(6) 作 X—V 曲线,计算系统的灵敏度,分析如何提高测量准确度。

【注意事项】

(1) 要避免因测微头的空转而影响测量结果准确性的情况发生。

(2) 光强调解办法:将光源探头移到照度表处,然后调节亮度调节旋钮,观察照度表调至所需要的照度值。调节时要使用遮光罩,防止外界光干扰。

(3) 换光源时,光强调节旋钮不可动。安装不同光源时,保证发光管到光电器件的距离不变,从而保证光源的功率相同。

【思考题】

(1) 在一定环境光照下,感应光强的临界点随着哪几个条件的变化而变化?
(2) 为什么可以用 PSD 来测量物体的位置?

5.12 铁磁材料居里点的测量

随着近些年科学技术的高速发展,各种磁性材料和磁性器件的应用也日益广泛。磁性材料已成为不可缺少的消费品。表征磁性材料性质和特征的物理参数有很多,其中居里点(亦称居里温度)T_C 是铁磁材料饱和磁化强度 M_s 随温度升高而降为零的一个临界温度点,了解居里点是研究铁磁材料性质及其应用的一项工作。

测量铁磁材料居里温度的方法很多,例如磁称法、感应法、电桥法和差值补偿法等。它们都是利用铁磁物质磁矩随温度变化的特性,测量自发磁化消失时的温度。本实验采用感应法。测量感应电动势随温度变化的规律,从而得到居里点 T_C。

【实验目的】

(1) 通过实验,对感应电动势随温度升高而下降的现象进行观察,初步了解铁磁材料在居里温度点由铁磁性变为顺磁性的微观机理。

(2) 用感应法测定磁性材料的曲线 $\varepsilon_{\text{eff}(B)} - T$ 并求出其居里温度。

【实验原理】

物质的磁化可分为抗磁性，顺磁性和铁磁性三种。具有铁磁性的物质称为铁磁体。铁（Fe）、镍（Ni）、钴（Co）、钆（Gd）、镝（Dy）等五种元素的多种合金就是铁磁体。在铁磁体中，相邻原子间存在着非常强的交换耦合作用，这个相互作用促使相邻原子的磁矩平行排列起来，形成一个自发磁化达到饱和状态的区域。自发磁化只发生在微小的区域（体积约为 10^{-12} m³，其中含有 $10^{12} \sim 10^{15}$ 个原子），这个区域称为磁畴。在没有外磁场作用时，每个磁畴中，分子的磁矩均取同一方向，但对不同的磁畴，分子磁矩的取向各不相同，见图 5.12.1，其中图 5.12.1(a)为单晶磁畴结构示意图，图 5.12.1(b)为多晶磁畴结构示意图。磁畴的这种排列方式，使磁体能处于最小能量的稳定状态。因此，对整个铁磁体来说，任何宏观区域的平均磁矩为零，物体不显示磁性。

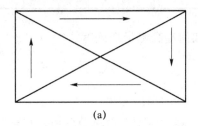 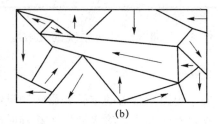

(a)　　　　　　　　　　　　　　(b)

图 5.12.1　磁畴示意图

(a)单晶磁畴结构；(b)多晶磁畴结构

在外磁场作用下，磁矩（M）与外磁场同方向排列的磁能低于磁矩与外磁场反方向排列的磁能。结果自发磁化磁矩与外磁场成小角度的磁畴区域逐渐扩大；而自发磁化磁矩与外磁场成较大角度的磁畴区域逐渐缩小。随着外磁场的不断增强，自发磁化磁矩，取向与外磁场成较大角度的磁畴区域逐渐减小并与外磁场取同一方向，以后再继续增加磁场，使所有磁畴磁矩沿外磁场方向整齐排列，这时磁化达到饱和，图 5.12.2 是某单晶结构磁体磁化过程的示意图。

铁磁性物质的磁化与温度有关，存在一临界温度 T_C 称为居里温度（也称为居里点）。当温度增加时，由于热扰动影响磁畴内磁矩的有序排列，但在未达到居里温度 T_C 时，铁磁体中分子热运动不足以破坏磁畴内磁矩基本的平行排列，此时物质仍具有铁磁性，仅其自发磁化强度随温度升高而降低。如果温度继续升高达居里点时，物质的磁性发生突变，磁化强度 M（实为自发磁化强度）剧烈下降！因为这时分子热运动足以使相邻原子（或分子）之间的交换耦合作用突然消失，从而瓦解了磁畴内磁矩有规律的排列，此时磁畴消失，铁磁性变为顺磁性。

在升温的过程中，在未接近居里点 T_C 以前，磁矩 M 随 T 的变化有时出现不平滑的情况，这是由于磁畴间的相互作用存在着摩擦阻力。温度的增加使阻力减小而趋于取向一致的效应超过了热运动使取向混乱加剧的效应，于是引起了 M 随 T 的变化而略有波折。

磁畴的出现或消失，伴随着晶格结构的改变，所以是一个相变过程。居里点和熔点一样，因物质不同而不同。例如铁、镍、钴的居里点分别是 1 043 K、631 K 和 1 393 K。

以上是单质铁磁体的情况。

工业应用上，为使消磁陡峭——居里点宽度（ΔT_C）窄狭，采用了掺杂等处理，故磁导率

(磁矩 M)随温度的变化,如图 5.12.3 所示。

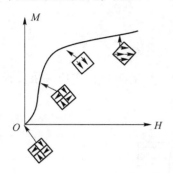
图 5.12.2　单晶结构磁体磁化过程的示意图

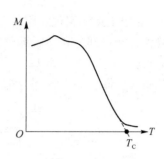
图 5.12.3　磁导率(磁矩 M)随温度的变化

在磁环上分别绕线圈 A,B,并在 A 线圈上通激励电流,则 B 线圈上感应电动势的有效值为:

$$\varepsilon_{\text{eff}(B)} = 4.44 f N \phi_m \tag{5.12.1}$$

式中,f 为频率,N 为线圈匝数,ϕ_m 为最大磁通,4.44 为仪器常数。

$$\phi_m = B_m \cdot S \tag{5.12.2}$$

式中,S 是磁环的截面积,B_m 是最大磁感应强度,即磁感应强度正弦变化的幅值。

又因为:

$$H = \frac{B}{\mu} \tag{5.12.3}$$

式中,μ 是磁导系数或磁导率,在 SI 制中单位为亨/米。

把式(5.12.2)、式(5.12.3)代入式(5.12.1),得:

$$\varepsilon_{\text{eff}(B)} = 4.44 f N S \mu H_m$$

式中,H_m 是磁场强度的幅值,当激励电流稳定成正弦变化时,H_m 恒定,即得:

$$\varepsilon_{\text{eff}(B)} \propto \mu$$

即当 $\mu = 0$ 时,感应电势 $\varepsilon_{\text{eff}(B)} = 0$,此时温度 T_C 称居里点。

显然,我们完全可用测出的 $\varepsilon_{\text{eff}(B)} - T$ 曲线来确定温度 T_C。具体地说,在 $\varepsilon_{\text{eff}(B)} - T$ 曲线斜率最大处作切线,与横坐标轴相交的一点即为居里温度 T_C。如图 5.12.4 所示。这是因为只有在居里点时,铁磁材料的磁性才发生突变,所以要在斜率最大处作切线。又因为在居里点附近时,铁磁性已基本转化为顺磁性,故 $\varepsilon_{\text{eff}(B)} - T$ 曲线不可能与横坐标轴相交。

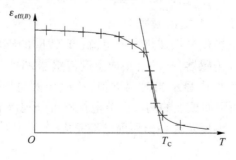
图 5.12.4　居里点的确定

【实验装置】

JLD—Ⅱ居里点测定仪、附件盒、ST—16型示波器。

实验仪分测量部分和实验部分：

（1）实验部分：如图 5.12.5 所示。包括被测样品和加热电炉丝；集成温度传感器；激励线圈和感应线圈，以上各部分都要装在一个底座上。

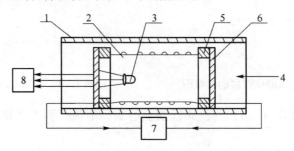

图 5.12.5　实验仪测量部分

1—不锈钢管；2—加热电炉丝；3—集成温度传感器 AD590；4—试件插入口；
5—固定架；6—印刷板；7—提供加热电流的电源部分；8—测温显示部分

（2）测量部分：（面板图）如图 5.12.6 所示。

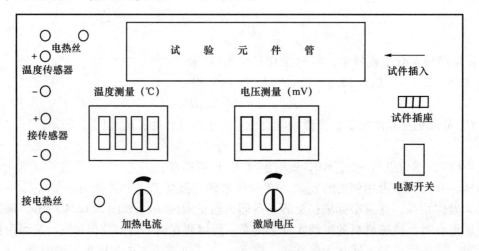

图 5.12.6　实验仪测量部分

接线柱"激励电压"为线圈 A 提供激励电源，为使 H_m 稳定，激励电源的输出电流应稳定；接线柱"接电热丝"为电炉丝提供加热直流电流；B 线圈的感应电动势从接线柱"感应线圈"一端输入；接线柱"温度传感器"接的是集成温度传感器 AD590 的输入，通过内部电路的补偿、放大，在"温度测量"框中显示当时温度值；"电压测量"框中显示的是感应电动势；电压显示的是激励电压。利用面板上的两个调节电位器可分别调节加热电流的大小和加在线圈 A 上的激励电压的大小。温度定标在出厂前已经完成。

仪器的安装：

（1）把装有被测样品的实验部分固定在箱子的底座上。

（2）对照接线柱的颜色，把实验部分中加热电流的插头插接到面板对应的接线柱上。

（3）再参照颜色把实验部分的感应电动势，激励电压的插头接到面板对应的接线柱上。
（4）集成温度传感器的插头接到面板温度测量的接线柱上。

【实验内容】

1）参照仪器安装步骤，连好实验部分和测量部分（加热电流暂不接）。

2）$\varepsilon_{\text{eff}(B)} - T$ 曲线的测量：

（1）合上测量部分的电源开关，"温度测量"显示出室温温度。预热十分钟，显示温度方接近实际室温。"电压测量"显示感应电动势。

（2）接上加热电流，把电流调到较小（看发光二极管明暗指示）。

（3）温度每升高 5℃ 记下对应的 $\varepsilon_{\text{eff}(B)}$ 的值，直到其显示值接近零。（ε 值陡降阶段可每升 1℃ 记一次 ε 值）。

（4）停止电炉加热（把连接线去掉），让其自然冷却，并记录 $\varepsilon_{\text{eff}(B)}$ 值直到炉温接近室温。

3）取出被测样品，将另一个测试样品安装到试件插座位置，按实验步骤 2 进行 $\varepsilon_{\text{eff}(B)} - T$ 曲线的测量。

4）依次将 5 种试件进行 $\varepsilon_{\text{eff}(B)} - T$ 曲线的测量，并从中求出居里温度 T_C。

【实验数据】

（1）实验前应列出记录数据的表格，记录时准确定出有效数字位数。

（2）作图大小约为 8×12 平方厘米，横坐标和纵坐标的参数数据比例要适当，使曲线接近布满所用的毫米方格纸的面积。

（3）实验数据的点在图中要明显点出，例如，×××或000等，画曲线要求做到一笔落成，曲线要光滑，粗细要均匀。

（4）对实验现象和误差要进行分析讨论。

【思考题】

样品的磁化强度在温度达到居里点时发生突变的微观机理是什么？试用磁畴理论进行解释。

5.13 汞光谱色散的研究

分光计是测量光线夹角的光学仪器，比如测量衍射角可以确定光波的波长，测量偏向角可以确定光学材料的折射率。光学材料包括光学玻璃、石英玻璃、微晶玻璃、光学晶体、光学塑料、光学纤维等。如果想利用这些材料制成光学器件，如透镜、棱镜、通讯光纤等，必须首先测出它们的折射率。折射率是表示透明物质折光性能的物理常数，同一介质中，不同波长有不同的折射率。测量光学玻璃折射率的方法很多，用分光计测量的优点是准确度高，缺点是必须把被测样品制成正三角形的三棱镜。用三棱镜测量折射率的设计思想是，光线从一个工作面入射，经过两次折射后从另一工作面出射，入射光与出射光的夹角与折射率有固定的函数关系。

【实验目的】

（1）掌握分光计的原理与应用。
（2）用最小偏向角法测量光线对玻璃的折射率。
（3）研究汞光谱的色散现象。

【实验原理】

1. 光的色散

介质的折射率随光的波长(频率)变化的现象称为色散。

一束平行的单色光入射到三棱镜的 AB 面，经折射后由另一面 AC 射出，如图 5.13.1。入射光和 AB 面法线的夹角 i 称为入射角，出射光和 AC 面法线的夹角 r 称为出射角，入射光和出射光的夹角 θ 称为偏向角。当入射角 i 等于出射角 r 时，入射光和出射光的夹角最小，称为最小偏向角 δ。

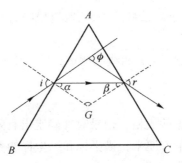

图 5.13.1 三棱镜

2. 折射率公式

由图 5.13.1 可知：

$$\phi = (i - \alpha) + (r - \beta) \tag{5.13.1}$$

式中，α 和 β 的意义如图 5.13.1 所示，当 $i = r$ 时，由折射定律有 $\alpha = \beta$，用 δ 代替 θ 得：

$$\delta = 2(i - \alpha) \tag{5.13.2}$$

又因为：$\alpha + \beta = 2\alpha = \pi - G = \pi - (\pi - A) = A$

所以：

$$\alpha = \frac{A}{2} \tag{5.13.3}$$

由(5.13.2)和(5.13.3)式得：

$$i = \frac{A + \delta}{2} \tag{5.13.4}$$

由折射定律有：

$$n = \frac{\sin i}{\sin \alpha} = \frac{\sin \dfrac{A + \delta}{2}}{\sin \dfrac{A}{2}} \tag{5.13.5}$$

由式(5.13.5)可知，只要测出三棱镜的顶角 A 和最小偏向角 δ 就可以计算出棱镜对该波长单色光的折射率。

3. 最小偏向角的测量

（1）调节好分光计。

（2）将汞灯放在平行光管后数厘米处，用望远镜正对平行光管，使能看到清晰的狭缝像，再按图 5.13.2 所示的位置把三棱镜放在载物台上。

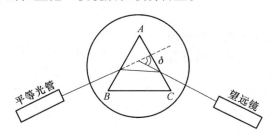

图 5.13.2　三棱镜位置

（3）通过观察，找到经三棱镜折射后的光谱线，然后将望远镜转到该处。

（4）转动载物台（一般为顺时针），当看到谱线刚开始要反向移动时，三棱镜位置就是平行光以最小偏向角 δ 射出的位置。精确调整望远镜，使目标叉丝对准光谱线，在读数盘上记下该位置 θ_1、θ_2。

（5）取下三棱镜，让望远镜正对平行光管，使狭缝像通过叉丝交点，在读数盘上记下该位置 θ_1'、θ_2'。

（6）计算出最小偏向角。

$$\delta = \frac{1}{2}(|\theta_1 - \theta_1'| + |\theta_2 - \theta_2'|)$$

（7）测出不同频率的光的最小偏向角 δ。

【实验装置】

分光计、平面反射镜、三棱镜、汞灯等。

【实验内容】

研究介质的折射率随光的波长（频率）变化的规律。

【思考题】

（1）总结分光计精细调节应满足哪几点要求，怎么判断是否调节好。
（2）光谱和波长有什么关系？
（3）应怎样理解色散现象？

5.14　直流电路设计实验——电表的改装与校准

电学实验中经常要用电表（电压表和电流表）进行测量，常用的直流电流表和直流电压表都有一个共同的部分，常称为表头。表头通常是一只磁电式微安表，它只允许通过微安级的电流，一般只能测量很小的电流和电压。如果要用它来测量较大的电流或电压，就必须进行改装，以扩大其量程。经过改装后的微安表具有测量较大电流、电压和电阻等多种用途。

若在表中配以整流电路将交流变为直流,则它还可以测量交流电的有关参量。我们日常接触到的各种电表几乎都是经过改装的,因此学习改装和校准电表在电学实验部分是非常重要的。

【实验目的】

(1) 熟悉电流表、电压表的构造原理。
(2) 掌握测定电流计表头内阻的方法。
(3) 学会作校准曲线。

【实验原理】

1. 电表的改装

1) 表头内阻的测量。

表头线圈的电阻 R_g 称为表头内阻。它的测定方法很多,这里介绍一种替代法,测量线路如图 5.14.1 所示。

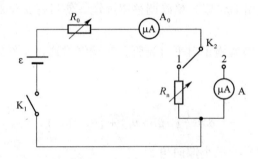

图 5.14.1 表头内阻测量线路图

将 K_2 置于 2 处,调节 R_0 使表 A_0 在一较大示值处(同时注意表 A 的指针不要超过量程);将 K_2 置于 1 处,保持 R_0 不变,调节 R_n 使表 A_0 指在原来位置上,则有 $R_n = R_g$。

2) 将表头改装为安培计。

用于改装的微安表称为表头。使表针偏转到满刻度所需要的电流 I_g 称为量程。表头的满度电流很小,只适用于测量微安级或毫安级的电流,若要测量较大的电流,就需要扩大电表的电流量程。方法是在表头两端并联电阻 R_p,使超过表头能承受的那部分电流从 R_p 流过。由表头和 R_p 组成的整体就是安培计,R_p 称为分流电阻。选用不同大小的 R_p,可以得到不同量程的安培计。

如图 5.14.2 所示,当表头满度时,通过安培计的总电流为 I,通过表头的电流为 I_g,因为:
$$U_g = I_g R_g$$
$$U_g = (I - I_g) R_p$$

故得:
$$R_p = \frac{I_g}{I - I_g} R_g \tag{5.14.1}$$

表头的规格 I_g、R_g 事先测出,根据需要的安培计量程,由式(5.14.1)就可以算出应并联的电阻值。通常,由于安培计的量程 I 远大于表头的量程 I_g,因此并联电阻 R_p 远小于表头内阻 R_g。

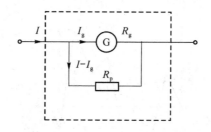

图 15.14.2　微安表改成安培计

3) 将表头改装为伏特计。

表头的满度电压也很小，一般为零点几伏。为了测量较大的电压，在表头上串联电阻 R_s，如图 5.14.3 所示，使超过表头所能承受的那部分电压落在电阻 R_s 上。表头和串联电阻 R_s 组成的整体就是伏特计，串联的电阻 R_s 称为扩程电阻。选用大小不同的 R_s，就可以得到不同量程的伏特计。

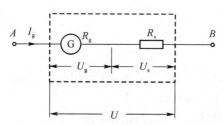

图 5.14.3　微安表改成伏特计

因为：
$$V_s = I_g R_s = U - U_g$$

可得：
$$R_s = \frac{U - U_g}{I_g} = \frac{U}{I_g} - R_g \tag{5.14.2}$$

表头的 I_g、R_g 事先测出，根据需要的伏特计量程，由 (5.14.2) 式就可以算出应串联的电阻值。一般地，由于伏特计的量程 U 远大于表头的量程 U_g，因此串联电阻 R_s 会远大于表头内阻 R_g。

2. 电表的校准

电表在扩大量程或改装后，还需要进行校准。所谓校准是使被校电表与标准电表同时测量一定的电流（或电压），看其指示值与相应的标准值（从标准电表读出）相符的程度。校准的结果得到电表各个刻度的绝对误差。选取其中最大的绝对误差除以量程，即得该电表的标称误差，即：

$$\text{标称误差} = \frac{\text{最大绝对误差}}{\text{量程}} \times 100\% \tag{5.14.3}$$

根据标称误差的大小，将电表分为不同的等级，常记为 K。例如，若 0.5% < 标称误差 ≤1.0%，则该电表的等级为 1.0 级。

电表的校准结果除用等级表示外，还常用校准曲线表示。即以被校电表的指示值 I_{xi} 为横坐标，以校正值 ΔI_i（ΔI_i 等于标准电表的指示值 I_{si} 与被校表相应的指示值 I_{xi} 的差值，即 $\Delta I_i = I_{si} - I_{xi}$）为纵坐标，两个校正点之间用直线段连接，根据校正数据作出呈折线状的校正曲线（不能画成光滑曲线），如图 5.14.4 所示。在以后使用这个电表时，根据校准曲线可以修正电表的读数。

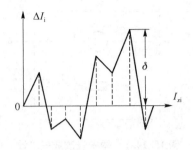

图 5.14.4 校准曲线

【实验装置】

微安表、标准电流表、标准电压表、直流电源、滑线变阻器、电阻箱、单刀双掷开关、甲电池、导线。

【实验内容】

1. 测量表头的内阻

按图 15.4.1 连接电路，用替代法测表头的内阻 R_g。

2. 将量程为 100 μA 的表头扩程为 5 mA

(1) 计算分流电阻的阻值 R_P，用电阻箱作 R_P。

(2) 校正扩大量程后的电表。应先调准零点，再校准量程（满刻度点），然后再校正标有标度值的点。

(3) 校准量程时，若实际量程与设计量程有差异，可稍调 R_P。

(4) 校正刻度时，使电流单调上升和单调下降各一次，将标准表两次读数的平均值作为 I_s，计算各校正点的校正值。

(5) 以被校表的指示值 I_{xi} 为横坐标，以校正值 ΔI_i 为纵坐标，在坐标纸上作出校正曲线。

3. 将表头改装为 0～1 V 的电压表

(1) 计算扩程电阻的阻值 R_s，用电阻箱作 R_s。

(2) 校正电压表。与校准电流表的方法相似。

(3) 以被校表的指示值 U_{xi} 为横坐标，以校正值 ΔU_i 为纵坐标，在坐标纸上作出校正曲线。

【注意事项】

(1) 接通电源前，应检查滑线变阻器的滑键是否在安全位置。

(2) 调节电阻箱时，防止电阻值从 9 到 0 的突然减小。

(3) 记录时注意有效数字位数。

【思考题】

(1) 为什么校准电表时需要把电流（或电压）从小到大做一遍又从大到小做一遍？

(2) 校正电流表时，如果发现改装表的读数偏高，应如何调整？

(3) 一量程为 500 μA，内阻 1 kΩ 的微安表，它可以测量的最大电压是多少？如果将它的量程扩大为原来的 N 倍，应如何选择扩程电阻？

5.15 设计测量 RC、RL 电路的相移

【设计任务】

(1) 利用双通道示波器等仪器设计测定 RC、RL 电路中相移的方法并进行测量。
(2) 研究影响 RC、RL 电路的相移因素，并与理论值进行比较。

【可选仪器】

双通道示波器、信号发生器、面包板、电阻(3 000 Ω)、电阻(510 Ω)、电容(0.47 μF)、电感(0.1 H)、面包版插线、导线等。

【设计要求】

1. 总体要求

1) RC 电路。

取 $R=510\ \Omega$、$C=0.47\ \mu F$，使用示波器等仪器，设计利用双通道波形和李萨如图形两种测量 RC 电路相移的方法，测量输入交流正弦波电压的频率为 $f=500\ Hz$、$2\ 000\ Hz$、$10\ kHz$ 时，RC 电路中电容器两端电压与输入电压的相位差，并将其与理论值进行比较。

2) RL 电路。

取 $L=0.1\ H$，$R=3\ 000\ \Omega$，使用示波器等仪器，设计利用双通道波形和李萨如图形两种测量 RL 电路相移的方法，测量输入交流正弦波电压的频率为 $f=500\ Hz$、$2\ 000\ Hz$、$10\ kHz$ 时，RL 电路中电阻器两端电压与输入电压的相位差，并将其与理论值进行比较。

2. 详细要求

(1) 要求学生预习示波器基本原理及使用方法，RC、RL 电路等有关知识。
(2) 拟订实验方案。实验依据的原理要理解得清晰、透彻，并简要地写下来。
(3) 自行设计 RC、RL 电路，画出电路图。
(4) 列出实验涉及的仪器和材料，标明规格和型号。
(5) 设计详细的操作步骤，对于不可逆的步骤，要按顺序写清楚。
(6) 注明每个测量值的测量次数，并设计数据记录的表格。
(7) 课堂根据自己设计的方案连接电路，根据操作步骤实际测量。
(8) 设计合理的数据处理方法，并对产生误差的各种因素进行定性的分析。
(9) 根据数据处理方法，完成实验数据处理并撰写实验报告。

【总结】

通过完成本实验，在如下几个方面应有所收获：

(1) 掌握示波器的工作原理，进一步熟悉各个旋钮、按键的功能。
(2) 分别设计两种测量 RC、RL 电路中相移的方法。

(3) 选用合适的数据处理方法，分析产生系统效应的各种因素。

5.16 半导体热敏电阻特性的研究

因为吸收入射辐射后引起温升而使电阻改变，导致负载电阻两端电压的变化，并给出电信号的器件称为热敏电阻。热敏电阻通常分为金属热敏电阻和半导体热敏电阻两种。半导体材料做成的热敏电阻是对温度变化表现非常敏感的电阻元件，它能测量出温度的微小变化，并且体积小、工作稳定、结构简单。因此，它在测温技术、无线电技术、自动化和遥控等方面都有广泛的应用。

【实验目的】

(1) 研究热敏电阻的温度特性。
(2) 进一步掌握惠斯通电桥的原理和应用。

【实验原理】

半导体热敏电阻的基本特性是它的温度特性，而这种特性又是与半导体材料的导电机制密切相关的。由于半导体中的载流子数目随温度升高而按指数规律迅速增加。温度越高，载流子的数目越多，导电能力越强，电阻率也就越小。因此热敏电阻随着温度的升高，它的电阻将按指数规律迅速减小。这与金属中自由电子导电情况恰恰相反，金属的电阻率是随着温度的上升而缓慢地增大的，一般呈线性变化。

实验表明，在一定温度范围内，半导体材料的电阻 R_T 和绝对温度 T 的关系可表示为：

$$R_T = a\mathrm{e}^{\frac{b}{T}} \tag{5.16.1}$$

式中，常数 a 不仅与半导体材料的性质而且与它的尺寸有关系，而常数 b 仅与材料的性质有关。常数 a、b 可通过实验方法测得。例如，在温度 T_1 时测得其电阻为 R_{T_1}：

$$R_{T_1} = a\mathrm{e}^{b/T_1} \tag{5.16.2}$$

在温度 T_2 时测得其阻值为 R_{T_2}：

$$R_{T_2} = a\mathrm{e}^{b/T_2} \tag{5.16.3}$$

将以上两式相除，消去 a 得：

$$\frac{R_{T_1}}{R_{T_2}} = \mathrm{e}^{b\left(\frac{1}{T_1}-\frac{1}{T_2}\right)}$$

再取对数，有：

$$b = \frac{\ln R_{T_1} - \ln R_{T_2}}{\left(\frac{1}{T_1} - \frac{1}{T_2}\right)} \tag{5.16.4}$$

把由此得出的 b 代入(5.16.2)或(5.16.3)式中，又可算出常数 a，由这种方法确定的常数 a 和 b 误差较大，为减少误差，常利用多个 T 和 R_T 的组合测量值，通过作图的方法(最好用回归法)来确定常数 a、b，为此对(5.16.1)式两边取对数，变换成直线方程：

$$\ln R_T = \ln a + \frac{b}{T} \tag{5.16.5}$$

或写作：
$$Y = A + BX \tag{5.16.6}$$

式中，$Y = \ln R_T$，$A = \ln a$，$B = b$，$X = 1/T$，然后取 X、Y 分别为横、纵坐标，对不同的温度 T 测得对应的 R_T 值，经过变换后作 $X-Y$ 曲线，它应当是一条截距为 A、斜率为 B 的直线。根据斜率求出 b，又由截距可求出 $a = e^A$。

确定了半导体材料的常数 a 和 b 后，便可计算出这种材料的激活能 $E = bK$（K 为玻耳兹曼常数，其值见附录2）以及它的电阻温度系数：

$$\alpha = \frac{1}{R_T}\frac{dR_T}{dT} = -\frac{b}{T^2} \times 100\% \tag{5.16.7}$$

显然，半导体热敏电阻的温度系数是负的，并与温度有关。

热敏电阻在不同温度时的电阻值，可用惠斯通电桥测得。

【实验装置】

箱式惠斯通电桥、控温仪、热敏电阻、直流电稳压电源等。

【实验内容】

用电桥法测量半导体热敏电阻的温度特性。

（1）按图 5.16.1 实验装置接好电路，安置好仪器。

（2）在容器内盛入水，开启直流电源开关，在电热丝中通以 2.5~3.0 A 的电流，对水加热，使水温逐渐上升，温度由水银温度计读出。热敏电阻的两条引出线连接到惠斯通电桥的待测电阻 R_X 的二接线柱上。

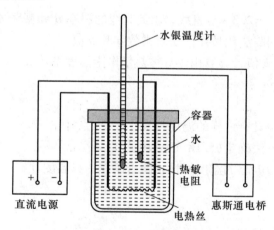

图 5.16.1 实验装置图

（3）测试的温度从 20℃ 开始，每增加 5℃，作一次测量，直到 85℃ 止。

【数据处理】

（1）把实验测量数据填入表 5.16.1 中。

表 5.16.1　实验装置图

温度/℃	升温读数	倍率	降温读数	倍率	R_0 均值	$1/T$	$\ln R_T$
$T=20$							
$T=25$							
$T=30$							
$T=35$							
$T=40$							
$T=45$							
$T=50$							
$T=55$							
$T=60$							
$T=65$							
$T=70$							
$T=75$							
$T=80$							
$T=85$							

（2）作 R_T—t 曲线。

（3）作 $\ln R_T$—$1/T$（$T=273+t$）直线，求此直线的斜率 B 和截距 A，由此算出常数 a 和 b 值，有条件者，最好用回归法代替作图法求常数 a 和 b 值。

（4）根据求得的 a、b 值，计算出半导体热敏电阻温度系数 α。

【思考题】

（1）半导体热敏电阻具有怎样的温度特性？

（2）怎样用实验的方法确定（5.16.1）式中的 a、b？

（3）利用半导体热敏电阻的温度特性，能否制作一只温度计？

附录：

惠斯通电桥的原理：

惠斯通电桥（也称单臂电桥）的电路如图 5.16.2 所示，四个电阻 R_1、R_2、R_b、R_x 组成一个四边形的回路，每一边称作电桥的桥臂，在一对对角 AD 之间接入电源，而在另一对角 BC 之间接入检流计，构成所谓桥路。所谓桥本身的意思就是指这条对角线 BC。它的作用就是把桥的两端点联系起来，从而将这两点的电位直接进行比较。B、C 两点的电位相等时称作电桥平衡。反之，称作电桥不平衡。检流计是为了检查电桥是否平衡而设的，平衡时检流计无电流通过。用于指示电桥平衡的仪器，除了检流计外，还有其他仪表，它们称为示零器。

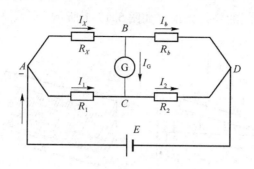

图 5.16.2　惠斯通电桥电路

当电桥平衡时，B 和 C 两点的电位相等，故有：

$$V_{AB} = V_{AC} \qquad V_{BD} = V_{CD}$$

由于平衡时 $I_G = 0$，所以 B、C 间相当于断路，故有：

$$I_1 = I_2, \quad I_X = I_b$$

所以：
$$I_X R_X = I_1 R_1, \quad I_b R_b = I_2 R_2$$

可得：
$$R_1 R_b = R_2 R_X$$

或
$$R_X = \frac{R_1}{R_2} R_b$$

这个关系式是由电桥平衡推出的结论。反之，也可以由这个关系式推证出电桥平衡。因此 $R_1 R_b = R_2 R_X$ 称为电桥平衡条件。

如果在四个电阻中的三个电阻值是已知的，即可利用 $R_1 R_b = R_2 R_X$ 求出另一个电阻的阻值。这就是应用惠斯通电桥测量电阻的原理。

5.17　利用干涉法测量微小长度

光的干涉是光的波动性的一种表现。若将同一点光源发出的光分成两束，让它们各经不同路径后再相会在一起，当光程差小于光源的相干长度时，一般就会产生干涉现象。干涉现象在科学研究和工业技术上有着广泛的应用，如测量光波的波长，精确地测量长度、厚度和角度，检验试件表面的光洁度，研究机械零件内应力的分布以及在半导体技术中测量硅片上氧化层的厚度等。牛顿环、劈尖是其中十分典型的例子，它们属于用分振幅的方法产生的干涉现象，也是典型的等厚干涉条纹。

【实验目的】

（1）加深对等厚干涉原理理解。
（2）练习用干涉法测量微小直径。
（3）巩固读数显微镜的调节和使用方法。

【实验原理】

将两块光学平玻璃叠合在一起，并在其中一端垫入待测的薄片（或细丝），则在两块玻璃片之间形成一空气劈尖。当用单色光垂直照射时，和牛顿环一样，在空气劈尖上、下两表面反射的两束相干光发生干涉，其干涉条纹是一簇间距相等、宽度相等且平行于两玻璃片交线(即劈尖的棱)的明暗相间的平行条纹,如图 5.17.1 所示。

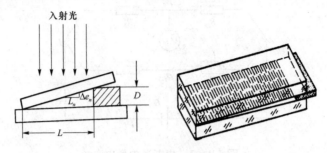

图 5.17.1 空气劈尖干涉

由暗纹条件:

$$\Delta = 2e + \frac{\lambda}{2} = (2k+1)\frac{\lambda}{2} \quad (k=0,1,2,\cdots) \tag{5.17.1}$$

可得,第 k 级暗纹对应的空气劈尖厚度为:

$$e_k = k\frac{\lambda}{2} \tag{5.17.2}$$

第 $k+1$ 级暗纹对应的空气劈尖厚度为:

$$e_{k+1} = (k+1)\frac{\lambda}{2} \tag{5.17.3}$$

两式相减得:

$$\Delta e = e_{k+1} - e_k = (k+1)\frac{\lambda}{2} - k\frac{\lambda}{2} = \frac{\lambda}{2} \tag{5.17.4}$$

上式表明任意相邻的两条干涉条纹所对应的空气劈尖厚度差为 $\frac{\lambda}{2}$。由此可推出相隔 n 个条纹的两条干涉条纹所对应的空气劈尖厚度差为:

$$\Delta e_n = n\frac{\lambda}{2} \tag{5.17.5}$$

再由几何相似性条件可得待测薄片厚度为:

$$D = \left(\frac{n\lambda}{2} \bigg/ L_n\right) L \tag{5.17.6}$$

式中,L 为两玻璃片交线与所测薄片边缘的距离(即劈尖的有效长度)。L_n 为 n 个条纹间的距离,它们可由读数显微镜测出。

【实验装置】

实验仪器见表 5.17.1。

表 5.17.1 实验装置及相关参数

实验装置名称	仪器的量程	仪器的精度	其他参数
读数显微镜	50 mm	0.01 mm	
钠光灯			$\bar{\lambda}=589.3$ nm
劈尖			
游标卡尺	200 mm	0.02 mm	

【实验数据】

已知：$\Delta N = 10$，$\Delta N' = 40$，$U_\lambda = 0.3$ nm。将实验数据填入表 5.17.2 和表 5.17.3 中。

表 5.17.2 发丝到压紧端的距离

	1	2	3	4	5	6	平均
L_i/cm							

表 5.17.3 每隔 10 条条纹的 l_i 与 $(l_{i+4} - l_i)$ 值

l_i/mm	l_{i+4}/mm	$(l_{i+4} - l_i)$/mm

【数据处理】

$$\overline{L} = \frac{1}{6} \sum L_i = \underline{\qquad} = \underline{\qquad} \text{ cm}$$

$$u_L = \sqrt{\frac{\sum_{i=1}^{6} (L_i - \overline{L})^2}{6 \times (6-1)}} = \underline{\qquad} = \underline{\qquad} \text{ cm}$$

$$\overline{l_{i+4} - l_i} = \frac{1}{4} \sum_{i=1}^{4} (l_{i+4} - l_i) = \underline{\qquad} = \underline{\qquad} \text{ mm}$$

$$u_l = \sqrt{\frac{\sum_{i=1}^{4} [(l_{i+4} - l_i) - \overline{(l_{i+4} - l_i)}]^2}{4 \times (4-1)}} = \underline{\qquad} = \underline{\qquad} \text{ mm}$$

已知，$U_\lambda = 0.3$ nm。

$$E_d = \sqrt{\left(\frac{u_l}{\overline{l_{i+4} - l_i}}\right)^2 + \left(\frac{u_L}{\overline{L}}\right)^2 + \left(\frac{u_\lambda}{\lambda}\right)^2} = \underline{\qquad} = \underline{\qquad} \text{ m}$$

$$\overline{d} = \frac{\overline{L}}{(L_{i+4} - L_i)} \Delta N' \frac{\lambda}{2} = \underline{\qquad} = \underline{\qquad} \text{ m}$$

$$u_d = \overline{d} E_d = \underline{\qquad} = \underline{\qquad} \text{ m}$$

$$d = \overline{d} \pm K u_d = \underline{\qquad} = \underline{\qquad} \text{ m}, \quad K = 2$$

【思考题】

实验中若平板玻璃上有微小的凸起，则此时干涉条纹如何变化？

附　　录

附录1　国际单位制

物理量名称		单位名称	单位符号		用其他SI单位表示式
			中文	国际	
基本单位	长度	米	米	m	
	质量	千克	千克	kg	
	时间	秒	秒	s	
	电流	安培	安	A	
	热力温标	开尔文	开	K	
	物质的量	摩尔	摩	mol	
	光强度	坎德拉	坎	cd	
辅助单位	平面角	弧度	弧度	rad	
	立体角	球面度	球面度	sr	
导出单位	面积	平方米	米^2	m^2	
	速度	米每秒	米/秒	m/s	
	加速度	米每秒平方	米/秒^2	m/s^2	
	密度	千克每立方米	千克/米^3	kg/m^3	
	频率	赫兹	赫	Hz	s^{-1}
	力	牛顿	牛	N	m·kg·s^{-2}
	压力、压强、应力	帕斯卡	帕	Pa	N/m^2
	功、能量、热量	焦尔	焦	J	N·m
	功率、辐射通量	瓦特	瓦	W	J/s
	电量、电荷	库仑	库	C	s·A
	电位、电压、电动势	伏特	伏	V	W/A
	电容	法拉	法	F	C/V
	电阻	欧姆	欧	Ω	V/A
	磁通量	韦伯	韦	Wb	V·s
	磁感应强度	特斯拉	特	T	Wb/m^2
	电感	亨利	亨	H	Wb/A
	光通量	流明	流	lm	
	光照度	勒克斯	勒	lx	lm/m^2
	黏度	帕斯卡秒	帕·秒	Pa·s	
	表面张力	牛顿每米	牛/米	N/m	
	比热容	焦尔每千克开尔文	焦/(千克·开)	J/(kg·K)	
	热导率	瓦特每米开尔文	瓦/(米·开)	W/(m·K)	
	电容率(介电常量)	法拉每米	法/米	F/m	
	磁导率	亨利每米	亨/米	H/m	

附录2 基本物理常数

量	符号	数值	单位	不确定度 ppm
光速	c	299 792 458	$m \cdot s^{-1}$	（精确）
真空磁导率	μ_0	$4\pi \times 10^{-7}$	$N \cdot A^{-1}$	（精确）
真空介电常量	ε_0	8.854 187 187…	$10^{12} F \cdot m^{-1}$	（精确）
牛顿引力常量	G	6.672 59(85)	$10^{11} m^3 kg^{-1} \cdot s^{-2}$	128
普朗克常量	h	6.626 075 5(40)	$10^{-34} J \cdot s$	0.60
基本电荷	e	1.602 177 33(49)	$10^{-19} C$	0.30
电子质量	m_e	0.910 938 97(54)	$10^{-30} kg$	0.59
电子荷质比	$-e/m_e$	$-1.758\ 819\ 62(53)$	$10^{11} C/kg$	0.30
质子质量	m_p	1.672 623 1(10)	$10^{-27} kg$	0.59
里德伯常量	R_∞	109 737 31.534(13)	m^{-1}	0.0012
精细结构常数	a	7.297 353 08(33)	10^{-3}	0.045
阿伏伽德罗常量	N_A, L	6.022 136 7(36)	$10^{23} mol^{-1}$	0.59
气体常量	R	8.314 510(70)	$J\ mol^{-1} K^{-1}$	8.4
玻耳兹曼常量	k	1.380 658(12)	$10^{23} J \cdot K^{-1}$	8.4
摩尔体积（理想气体） $T=273.15\ K; p=101\ 325\ Pa$	V_m	22.414 10(29)	L/mol	8.4
圆周率	π	3.141 592 65		
自然对数底	e	2.718 281 83		
对数变换因子	$\log_e 10$	2.302 585 09		

附录3 用于构成十进倍数和分数单位的词头

所表示的因数	词头名称	词头符号
10^{24}	尧[它]	Y
10^{21}	泽[它]	Z
10^{18}	艾[可萨]	E
10^{15}	拍[它]	P
10^{12}	太[拉]	T
10^{9}	吉[咖]	G
10^{6}	兆	M
10^{3}	千	k
10^{2}	百	h
10^{1}	十	da
10^{-1}	分	d
10^{-2}	厘	c
10^{-3}	毫	m
10^{-6}	微	μ
10^{-9}	纳[诺]	n
10^{-12}	皮[可]	p
10^{-15}	飞[母托]	f
10^{-18}	阿[托]	a
10^{-21}	仄[普托]	z
10^{-24}	幺[科托]	y

附录4 物质的密度

物质	密度/(kg·m^{-3})	物质	密度/(kg·m^{-3})
铝	2.699×10^3	水银(20℃)	13.595×10^3
铜	8.960×10^3	无水甘油(15℃)	1.260×10^3
铁	7.874×10^2	无水乙醇(20℃)	0.7894×10^3
银	10.50×10^3	变压器油	$0.84 \sim 0.89 \times 10^3$
金	19.32×10^3	蓖麻油	0.957×10^3
钨	19.30×10^3	松节油	0.855×10^3
铂	21.45×10^3	煤油	0.80×10^3
铅	11.35×10^3	汽油	0.70×10^3
锡	7.298×10^3	蜂蜜	1.40×10^3
石英	$2.5 \sim 2.8 \times 10^3$	石蜡	0.792×10^3
金刚石	$3.4 \sim 3.5 \times 10^3$	乙醚(20℃)	0.714×10^3
玻璃	$2.5 \sim 2.7 \times 10^3$	空气(0℃)	1.293
冰(0℃)	0.900×10^3	氢气(标准状况下)	0.08988
海水(15℃)	1.025×10^3	氦气(标准状况下)	0.1785
水(4℃)	1.000×10^3	氮气(标准状况下)	1.251
		氧气(标准状况下)	1.429

附录5 在标准大气压下不同温度时水的密度

温度 t/℃	密度 ρ/(kg·m^{-1})	温度 t/℃	密度 ρ/(kg·m^{-1})	温度 t/℃	密度 ρ/(kg·m^{-1})
0	999.841	16	998.943	32	995.025
1	999.900	17	998.774	33	994.702
2	999.941	18	998.595	34	994.371
3	999.965	19	998.405	35	994.031
4	999.973	20	998.203	36	993.68
5	999.965	21	997.992	37	993.33
6	999.941	22	997.770	38	992.96
7	999.902	23	997.538	39	992.59
8	999.849	24	997.296	40	992.21
9	999.781	25	997.044	50	988.04
10	999.700	26	996.783	60	983.21
11	999.605	27	996.512	70	977.78
12	999.498	28	996.232	80	971.80
13	999.377	29	995.944	90	965.31
14	999.244	30	995.646	100	958.35
15	999.099	31	995.340		

附录 6　在海平面上不同纬度处的重力加速度

纬度 φ/度	$g/(\mathrm{m \cdot s^{-2}})$	纬度	$g/(\mathrm{m \cdot s^{-2}})$
0	9.780 49	50	9.810 79
5	9.780 88	55	9.815 15
10	9.782 04	60	9.819 24
15	9.783 94	65	9.822 94
20	9.786 52	70	9.826 14
25	9.789 69	75	9.828 73
30	9.783 38	80	9.830 65
35	9.797 46	85	9.831 82
40	9.801 80	90	9.832 21
45	9.806 29		

注：表中所列数值是根据公式 $g = 9.780\,49(1 + 0.005\,288\sin^2\varphi - 0.000\,006\sin^2\varphi)$ 算出的，其中 φ 为纬度。

附录 7　20℃时某些金属的杨氏弹性模量

金属	杨氏模量 $Y/(\mathrm{Pa} \times 10^9)$	金属	杨氏模量 $Y/(\mathrm{Pa} \times 10^9)$
铝	69~70	铁	186~206
金	77	镍	203
银	69~80	碳钢	196~206
锌	78	合金钢	206~216
铜	103~127	铬	235~245
康铜	160	钨	407

注：Y 的值与材料的结构、化学成分及其加工制造方法有关，因此，在某些情形下，Y 的值可能与表中所列的平均值不同。

附录 8　20℃时与空气接触的液体的表面张力系数

液体	$\sigma/(N\cdot m^{-1}\times 10^{-3})$	液体	$\sigma/(N\cdot m^{-1}\times 10^{-3})$
航空汽油(在10℃时)	21	甘油	63
石油	30	水银	513
煤油	24	甲醇	22.6
松节油	28.8	甲醇(在0℃时)	24.5
水	72.75	乙醇	22.0
肥皂溶液	40	乙醇(在60℃时)	18.4
弗利昂-12	9.0	乙醇(在0℃时)	24.1
蓖麻油	36.4		

附录 9　在不同温度下与空气接触的水的表面张力系数

温度/℃	$\sigma/(N\cdot m^{-1}\times 10^{-3})$	温度/℃	$\sigma/(N\cdot m^{-1}\times 10^{-3})$	温度/℃	$\sigma/(N\cdot m^{-1}\times 10^{-3})$
0	75.62	16	73.34	30	71.15
5	74.90	17	73.20	40	69.55
6	74.76	18	73.05	50	67.90
8	74.48	19	72.89	60	66.17
10	74.20	20	72.75	70	64.41
11	74.07	21	72.60	80	62.60
12	73.92	22	72.44	90	60.74
13	73.78	23	72.28	100	58.84
14	73.64	24	72.12		
15	73.48	25	71.96		

附录10 某些液体的黏滞系数

液体	温度/℃	$\eta/(\mu Pa \cdot s)$	液体	温度/℃	$\eta/(\mu Pa \cdot s)$
汽油	0	1 788	甘油	-20	134×10^6
	18	530		0	121×10^5
甲醇	0	817		20	$1\,499 \times 10^3$
	20	584		100	12 945
乙醇	-20	2 780	蜂蜜	20	650×10^4
	0	1 780		80	100×10^3
	20	1 190	鱼肝油	20	45 600
乙醚	0	296		80	4 600
	20	243	水银	-20	1 855
变压器油	20	19 800		0	1 685
蓖麻油	10	242×10^4		20	1 554
葵花子油	20	50 000		100	1 224

附录11 不同温度时水的黏滞系数

温度/℃	黏滞系数 η		温度/℃	黏滞系数 η	
	$/(\mu Pa \cdot s)$	$(kgf \cdot s \cdot mm^{-2} \times 10^{-6})$		$/(\mu Pa \cdot s)$	$(kgf \cdot s \cdot mm^{-2} \times 10^{-6})$
0	1 787.8	182.3	60	469.7	47.9
10	1 305.3	133.1	70	406.0	41.4
20	1 004.2	102.4	80	355.0	36.2
30	801.2	81.7	90	314.8	32.1
40	653.1	66.6	100	282.5	28.8
50	549.2	56.0			

注：kgf 为非法定许用单位，1 kgf = 9.8 N。

附录12 固体比热

物质	温度/℃	比热 kcal/(kg·K)	比热 kJ/(kg·K)
铝	20	0.214	0.895
黄铜	20	0.0917	0.380
铜	20	0.092	0.385
铂	20	0.032	0.134
生铁	0~100	0.13	0.54
铁	20	0.115	0.481
铅	20	0.0306	0.130
镍	20	0.115	0.481
银	20	0.056	0.234
钢	20	0.107	0.447
锌	20	0.093	0.389
玻璃		0.14~0.22	0.585~0.920
冰	-40~0	0.43	1.797
水		0.999	4.176

附录13 液体比热

液体	温度/℃	比热 kJ/(kg·K)	比热 kcal/(kg·K)
乙醇	0	2.30	0.55
	20	2.47	0.59
甲醇	0	2.43	0.58
	20	2.47	0.59
乙醚	20	2.34	0.56
水	0	4.220	1.009
	20	4.182	0.999
弗利昂贵-12	20	0.84	0.20
变压器油	0~100	1.88	0.45
汽油	10	1.42	0.34
	50	2.09	0.50
水银	0	0.1465	0.0350
	20	0.1390	0.0332
甘油	18		0.58

附录14　某些物质的熔点

物质	汞	冰	石蜡	锡	铅	锌	铝	银	金
熔点/℃	-38.86	0	54	231.97	327.5	419.58	660.4	961.93	1 064
物质	铜	锰	钢	硅	熔凝石英	铁	铂	铬	钨
熔点/℃	1 084.5	1 244	1 300—1 400	1 410	~1 600	1 535	1 767	1 890	3 370

附录15　某些物质在标准大气压下的沸点

物质	氦	氢	空气	一氧化碳	氧	二氧化碳	氨	乙醇	水
沸点/℃	-268.9	-252.9	-193	-190	-183	-78.5	-33	78.5	100
物质	甘油	石蜡	汞	锡	铅	锌	铝	银	金
沸点/℃	290	300	357	2 260	1 740	907	1 800	1 955	2 500
物质	铜	锰	铁	硅	石英	铂	铬	钨	硫
沸点/℃	2 360	1 900	2 750	2 355	2 400	4 300	2 200	5 900	444.6

附录16　某些金属和合金的电阻率及温度系数

金属或合金	电阻率/($\mu\Omega \cdot m$)	温度系数/$℃^{-1}$	金属或合金	电阻率/($\mu\Omega \cdot m$)	温度系数/$℃^{-1}$
铝	0.028	42×10^{-4}	锌	0.059	42×10^{-4}
铜	0.017 2	43×10^{-4}	锡	0.12	-44×10^{-4}
银	0.016	40×10^{-4}	水银	0.958	10×10^{-4}
金	0.024	40×10^{-4}	伍德合金	0.52	37×10^{-4}
铁	0.098	60×10^{-4}	钢(0.10%~0.15%碳)	0.10~0.14	6×10^{-3}
铅	0.205	37×10^{-4}	康铜	0.47~0.51	$(-0.04~0.01) \times 10^{-3}$
铂	0.105	39×10^{-4}	铜锰镍合金	0.34~1.00	$(-0.03~0.02) \times 10^{-3}$
钨	0.055	48×10^{-4}	镍铬合金	0.98~1.10	$(0.03~0.4) \times 10^{-3}$

附录17 铜—康铜热电偶的温差电动势(自由端温度0℃)

mV

康铜的温度/℃	铜的温度/℃										
	0	10	20	30	40	50	60	70	80	90	100
0	0.000	0.389	0.787	1.194	1.610	2.035	2.468	2.909	3.357	3.813	4.277
100	4.227	4.749	5.227	5.712	6.204	6.702	7.207	7.719	8.236	8.759	9.288
200	9.288	9.823	10.363	10.909	11.459	12.014	12.575	13.140	13.710	14.285	14.864
300	14.864	15.448	16.035	16.627	17.222	17.821	18.424	19.031	19.642	20.256	20.873

附录18 在常温下某些物质相对于空气的光的折射率

物质	H_α 线(656.3 nm)	D 线(589.3 nm)	H 线(486.1 nm)
水(18℃)	1.3341	1.3332	1.3373
乙醇(18℃)	1.3069	1.3625	1.3665
二硫化碳(18℃)	1.6199	1.6291	1.6541
冕玻璃(轻)	1.5127	1.5153	1.5214
冕玻璃(重)	1.6126	1.6152	1.6213
燧石玻璃(轻)	1.6038	1.6085	1.6200
燧石玻璃(重)	1.7438	1.7515	1.7723
方解石(寻常光)	1.6545	1.6585	1.6679
方解石(非常光)	1.4846	1.4864	1.4908
水晶(寻常光)	1.5418	1.5442	1.5496
水晶(非常光)	1.5509	1.5533	1.5589

附录19 常用光源的谱线波长

(单位 nm)

一、H(氢)	447.15 蓝	589.592(D_1)黄
656.28 红	402.62 蓝紫	588.995(D_2)黄
486.13 绿蓝	388.87 蓝紫	五、Hg(汞)
434.05 蓝	三、Ne(氖)	623.44 橙
410.17 蓝紫	650.65 红	579.07 黄
397.01 蓝紫	640.23 橙	576.96 黄
二、He(氦)	639.30 橙	646.07 绿
706.52 红	626.65 橙	491.60 绿蓝
667.82 红	621.73 橙	435.83 蓝
587.56(D_2)黄	614.31 橙	407.68 蓝紫
501.57 绿	588.19 黄	404.66 蓝紫
492.19 绿蓝	585.25 黄	六、HeNe 激光
471.31 蓝	四、Na(钠)	632.8 橙